HYPER FOCUS

★《最有生產力的一年》作者最新力作 ★

極度專注力

打造高績效的聰明工作法

CHRIS BAILEY

克里斯・貝利——著　洪慧芳——譯

謹獻給雅登

目 錄 **CONTENTS**

第 一 部　極度專注力 HYPERFOCUS

第 二 部　分散注意力 SCATTERFOCUS

| 0.0 |
無所不在的注意力

　　我在加拿大安大略省京士頓市（Kingston, Ontario）的一家小餐館裡寫下這些文字，背景傳來餐具碰撞的鏗鏘聲和人們低語的交談聲。

　　我一向很喜歡觀察其他人的一舉一動。他們身上有太多細節值得注意，諸如穿著、走路的樣子、交談方式，以及獨自一人或在團體裡的舉止。在人來人往的咖啡廳或這種小餐館裡，看著形形色色的人像加速器裡的粒子一樣碰撞；觀察一名正在和朋友聊天的男子，轉而跟女服務生說話時，態度馬上大轉變；看著服務生以不同的態度服務各桌客人，時而應付大家庭，時而迎合年輕的情侶。

　　藉由關注他人，我觀察到他們**正在關注**哪些事物。人們在任何時刻，即使是在想心事，注意力還是會落在

某一件事上。我們來看一下這家小餐館。

我最先注意到左邊那桌是兩位二十幾歲的女性，她們的注意力幾乎都放在手機上，而不是對方身上。沒傳訊息的空檔，她們會把手機螢幕朝下放在桌上，但這樣做似乎毫無意義，因為 30 秒後她們又會拿起手機。雖然我聽不清楚她們的交談內容，但看得出來她們只是有一搭沒一搭地隨口聊天。她們雖然坐在彼此面前，但注意力早已飄往別處。

或是觀察餐廳另一頭的情侶。他們熱切地交談，配著熱騰騰的咖啡和美式鬆餅。他們剛到餐廳時，本來只是低聲閒聊，但對話很快就活絡起來。這對情侶跟剛剛那兩名女子不同，他們只把注意力放在彼此身上。

餐廳喇叭這時傳出紅髮艾德（Ed Sheeran）的熱門歌曲，我注意到兩名年輕人。他們和那對情侶只隔了幾桌，其中一人的腳跟著歌曲旋律輕輕打拍子，另一人正在點餐。那個打拍子的人大致上把注意力分散在三件事上：歌曲、朋友點了什麼、自己早餐想吃什麼。他點了「三蛋快餐」後，服務生問他想吃哪種蛋，這時他的注意力轉向內心，思考自己的喜好，最後回答炒蛋。

吧檯邊坐了幾個陌生人，一邊看著電視播放昨晚美式足球賽的精彩回顧，一邊隨意地閒聊。我覺得世界各地有數百萬人（包括吧檯邊那三個人）目不轉睛地盯著11吋長的美式足球實在很有趣。接著我看到吧檯邊有一個人歪著頭，似乎陷入沉思。接著，好像有電流穿過他的身體似的，連忙從口袋裡掏出記事本，寫下乍現的靈感。看來他似乎看球賽看到放空，大腦在神遊時，突然靈光乍現，頓悟了某件事。

或是以我為例。我帶著筆電坐在餐館裡。今天早上，我喝著咖啡，吃著炸薯塊時，反而更能夠專注在工作上，精力也更旺盛。也許是一早起床的冥想發揮效用，我發現只要進行這個例行公事，就可以寫更多字（根據計算，比平時多出40％產量）。我把手機留在家裡，以免寫作時受到干擾；此外，步行前往小餐館的途中，也可以讓大腦好好休息，隨意聯想。後面我會提到，關掉網路是激發創意及創新構想最好的方法。餐廳裡播放的音樂讓人朗朗上口，但不至於干擾注意力。不過，我不是來這裡聽音樂，之所以挑這家餐廳，而不是去最喜歡的餐館，是因為這裡沒有無線網路。隨時隨地連上網路對注意力和生產力的干擾最大。就像前幾段的敘述，餐館的環境與顧客有點分散我的注意力，但那些片段也是用來為本書開篇的好素材。

　　這間餐廳的情境正好可以說明我不久前才頓悟的一件事：注意力無處不在。一旦你注意到它的存在，就無法視而不見。當下這一刻，地球上每個醒著的人可能正在吃早餐、工作，或陪伴家人，但是都正關注某一件事。注意力存在於生活的背景中，無論我們走到哪裡、在做什麼，或者只是剛好意識到腦中飄過的思緒，它總是如影隨行。

　　從我一開始探索提升注意力、讓思緒更清楚的方法到現在已經過了好幾年。然而，有件事我還是難以啟齒，尤其我可是以「生產力專家」自居的人：我注意到自己愈來愈容易分心，特別是使用的裝置愈來愈多的時候。我不曾過得如此忙碌，卻感覺像是瞎忙一場，完成的任務少之又少。我開始因為無聊與缺乏刺激而感到煩躁不安，想盡可能把每一刻都填滿。我明知道一心多用時，大腦無法運作得很好，卻依然覺得有必要多工作業。工作時，我打開電子郵件，又把手機擺在桌上，感覺這樣做比專注在一兩件簡單的事物上更誘人。對我來

說，出版這本書是出於必要。我寫作本書，是因為我很需要。

每次我對一個新概念感興趣時，通常會買數十本書來研究。注意力是我近期最感興趣的主題，它涵蓋的議題包括管理周遭令人分心的事物最好的方法；如果多工作業真的有效（沒錯，確實有效），怎麼做最好；如何克服拖延的惰性；如何抽離注意力，來真正放鬆，養精蓄銳。研究這個主題的過程中，我得到大量的資訊。那些建議讀來有趣，但往往相互矛盾，最終並未幫我推動工作進度，也沒有幫助我過得更好。

於是，我轉而深入探索真正的科學研究，許多學術論文及數十年的文獻都在探討發揮最佳注意力的最好方法[*1]。當我仔細閱讀找到的每份研究的過程中，電腦裡名為「注意力」的資料夾變得很龐大。我累積數萬字的筆記，開始從資訊中歸納出最實用、最巧妙的研究成果。我訪問全球最頂尖的注意力專家，徹底探究為什麼我們那麼容易分心，以及如何讓本性難移的大腦在充滿

---

* 把學術研究從頭讀到尾談何容易，然而當你對主題感興趣時，還是可以辦到。妙的是，研究顯示，閱讀時讓人專注的因素，不是論文或文章的難度，而是你對內容有多大的興趣。

誘惑的世界裡全神貫注。我也開始親自測試那些研究，釐清能否真的掌控自己的注意力。

這番探索的心得不僅徹底改變我的工作方式，也改變我的生活方式。我不再只是把注意力視為提高生產力的工具，也把它視為提升整體幸福感的關鍵要素。最令我驚訝的是，我發現培養創意和生產力的有效方法之一，竟然是學習**不**專注。當我放空，讓大腦神遊，不特別注意任何事物的時候（就像我步行前往小餐館時做的事），反而更能夠融會貫通，舉一反三，提出新構想。

我也發現，現今我們遇到的干擾，比整個人類史遇到的還多。研究顯示，平均來說，我們在電腦前工作**短短 40** 秒，就會分心或受到干擾。[2]（想當然耳，我們投入一項任務的時間遠超過 40 秒時，成效最好。）我以前覺得一心多用是讓人更有活力的工作技巧，後來卻發現它是持續形成干擾的陷阱，反而阻礙我達成重要的任務。我逐漸發現，一次只專心做一件重要任務，也就是開啟「極度專注力模式」（Hyperfocusing）的時候，生產力也會跟著提升。

最重要的是，我開始把注意力視為追求生產力、創意、幸福快樂最重要的元素，無論是在職場上或在家裡都是如此。我們巧妙善用有限的注意力時，就會變得更專注，思慮更清晰。這是在當今世界中樂活的基本技能，畢竟我們常處在令人分心的環境中，從事仰賴腦力的知識型工作。

本書藉由我對「注意力」的探索，帶領大家深入了解這個主題。我不僅會分享學到的有趣知識，也會說明如何把這些想法實際應用到生活中（我已親身測試過每種訣竅）。生產力的研究雖好，唯有身體力行才有效果。因此，我把《極度專注力》視為「科學輔助」指南，不僅探索注意力背後的有趣研究，也把相關見解實際套用在現實生活中，以找出有效管理注意力的方法，讓你變得更有生產力及創意。這些見解已經改變一個人的生活（就是我），我知道它們也會為你帶來一樣的效果。表面上看來，結果似乎很神奇，然而只要了解背後的原理，就會覺得一切再自然不過了。

專注閱讀本書的七種技巧

閱讀這本書是你檢測注意力的第一個機會。你愈專注閱讀，收穫愈多，我們先從提升閱讀注意力的七種實用技巧談起。

不過，我想先提出一個簡短的聲明。我從研究中得到的最大心得正是：生產力因人而異。每個人的先天條件不同，生活作息各異，並非每一種提高生產力的訣竅都可以完美套用在生活中。況且，你可能根本**不想**遵循某些建議。所以，請盡可能多方嘗試本書提到的注意力技巧，採用對你有效的方法即可。

1. 把手機擺在視線範圍外

大腦只要**有一絲一毫**抗拒某項任務，就會轉而尋找新奇的事物，於是注意力就飄走了。智慧型手機正是絕佳範例，它為大腦提供源源不絕的誘人資訊。

我之後會提到，在分心與干擾變成誘惑以前，都很容易處理。你需要看清手機的真面目：它是你手邊的生產力黑洞。為了專注閱讀本書，我建議你把手機放在別的房間。你可能需要一點時間讓大腦適應手機或平板電腦不在身邊的感覺。但是，請相信我，努力撐過最初的抗拒絕對值得一試。對任何東西產生依賴都不是好事，令人上癮的發光螢幕也包括在內。

注意你多常拿起手機

這裡做個有趣的實驗：注意你這一兩天內不經意掏出手機的次數。當時你在想什麼，又是什麼原因驅使你拿出手機？是因為搭電梯的時間太長，你想滑手機殺時間嗎？是因為你想逃避無聊的任務，例如製作新一季的預算嗎？注意到習慣性拿起手機的次數，你會因此發現自己最想逃避的任務，以及當下有什麼感受。

2. 注意周遭環境

抬起頭來，環顧周遭，你是在哪裡閱讀這本書？遭到干擾或分心的可能性有多高？要到哪裡才可以迴避這些干擾？又或者，你身處在無法掌控的環境，比如火車或捷運上？

改變環境是培養注意力最好的方法。專注的環境，干擾及讓人分心的事物最少。可能的話，盡量轉往下列地點閱讀：附近的咖啡廳、圖書館，或家裡比較安靜的房間。

3. 列一張分心清單

令人分心的事物永遠都在，即使你設法在充滿禪意的日式庭院裡找到一處適合閱讀的地方，還把手機放得很遠，也一樣會分心。外在干擾不是唯一會讓你分心的罪魁禍首，我們的內心也會產生干擾，例如大腦可能提醒你要添購生活用品。

每次我需要專注時，就會採用前述兩種方法，也會把筆記本和筆帶在身邊，以便寫下腦中竄出的任何雜念，例如待辦事項、必須牢記的任務、新構想等等。

閱讀時同步列出分心清單，可以充分掌握浮現腦海的重要事物。把那些事情記下來，以免稍不留神就忘了，可以讓你馬上把注意力拉回當下的任務。

4. 質疑本書是否值得一讀

我們花時間去做的很多事情是出於習慣，也從不質疑那樣做是否值得，閱讀也是如此。

仔細檢視你的日常消費。有一招我覺得很有效：把書籍、電視節目、播客等的介紹，視為推銷你花時間和注意力的「話術」，然後自問：消費這些產品後，你覺得花時間和注意力在上面很快樂嗎？

所謂「吃什麼，像什麼」，同理，「在哪裡專注，哪裡就會成功」。注意力很有限，更是過美好生活的寶貴要件，所以你一定要確定一切的消費都很值得。後面我會深入提到，注意消費的內容可以讓你每天多騰出**好幾個小時**的額外時間。

5. 閱讀前補充咖啡因

閱讀時，如果時間不算太晚，可以考慮一邊喝咖啡或茶飲 [1]（咖啡因要 8 ～ 14 小時才會從體內代謝出去）。

攝取咖啡因是提升注意力的好方法。雖然咖啡因從體內代謝出去時，你會覺得更加疲憊，但是這代價通常相當值得。在各種衡量的面向中，咖啡因都能提高身心表現（詳見第十章）。你可以善用提振的精力執行重要的任務或閱讀這本書。

6. 拿支原子筆或螢光筆

吸收資訊的方式有兩種：被動吸收和主動吸收。

我的惱人習慣很多，其中一項讓我的未婚妻不堪其擾：我總是會把每本書的第一頁撕下來當書籤（她認為此舉令人髮指，我說書店裡還有那麼多一樣的書，撕一本又不會死）。撕下第一頁只是我大開殺戒的第一步，我還會拿螢光筆或原子筆畫重點及標注心得。畫的重點及筆記愈多，表示我愈喜歡那本書。我讀完第一遍後，還會再讀一遍。第二次只讀畫重點的部分，以便吸收最寶貴的內容。可能的話，我還會纏著旁邊的人分享見解，藉此融會貫通。

我希望你讀這本書時，也可以盡量畫重點，從中擷取最實用的想法，熟記在腦海中，之後就能在生活裡活用。如果這本書真的寫得不錯，你應該會在閱讀過程做很多筆記。（如果你畫完重點後，願意拍照寄給我看，我很樂於欣賞你認真讀過的作品）。本書書衣折口有我的電子郵件信箱和其他聯絡方式。

7. 注意力開始渙散時⋯⋯

注意力不是無限的，你可以拉長專注的時間，但注意力遲早都會渙散。這時，你的思緒通常會從書中的文字飄到腦中浮現的想法。那很正常，是人性使然。後面我們會看到，思緒神遊時，會產生一股很強大的力量，可以善加利用。

不過，目前你意識到注意力開始渙散時，可以先放下書本休息幾分鐘，做點不太需要動腦的事情。無論是洗碗、觀察陌生人、還是打掃房間，都可以幫你充電，恢復注意力。恢復注意力後，你會覺得神清氣爽，又可以重新閱讀了。就像你專心閱讀時隨手記下分心清單一樣，休息時也應該隨時記下腦中浮現的想法。

HYP

FC

第 一 部

極|度|專|注|力

關閉慣性模式

慣性模式

現在你很可能正專心閱讀這本書，但你是怎麼拿到它的呢？

我觀察自己的藏書，發現大多是因為朋友推薦、作者上播客宣傳、或是喜歡同類型主題才買的書。多數人選擇可以幫忙解決某個問題的書以前，不會刻意規劃想要改善哪些生活面向。我們之所以決定閱讀什麼，往往是綜合幾個事件的結果。

以我最近剛讀完的那本書為例。某天我搭上計程車，司機開著收音機，我才聽到那本書的作者接受訪問。後來，有位朋友在 Twitter 上提到那本書兩次。因為多次聽到這本書的介紹，使得我終於決定把它買下來，整個過程並非刻意去做。

我們不會詳細規劃自己做的每件事及每個決策，大致上，這算是一件好事。我買書過程中涉及的一連串選擇，大多是在大腦放空狀態下做的決定，這種慣性模式（autopilot mode）讓我們可以持續因應生活所需。試想如果你每次回覆電子郵件時都必須開一個新的 Word 檔擬草稿，再反覆閱讀草稿數遍，然後寄給你的前輩，請對方幫忙修改，還列印出來修改文字。如此大費周章好幾個小時，最後你回信只寫：「好啊，聽起來不錯！」如果你是以這種方式處理重要的專案，可能很有生產力，但是你會用這種方式處理每一封電子郵件嗎？試想你連買瓶番茄醬、倒垃圾或刷牙也照樣審慎處理，那會是什麼樣子？

　　慣性模式指引我們進行這些活動。日常生活中有多達 40％的行動屬於習慣，根本不需要動腦思考。[1] 除非你是僧侶，有餘裕一天到晚冥想，否則不可能時時刻刻如此帶著意圖（intention）地生活。

　　不過，有些決策確實值得審慎考量，管理注意力就是其一。

　　我們通常是以慣性模式管理注意力。收到主管寄來的電子郵件時，我們會直覺放下手邊工作，馬上回信。

有人在網路上貼出我們的照片時，我們會查看照片中的自己看起來如何，再點進去看發文的人寫了什麼。我們與同事或伴侶交談時，對方還沒講完，我們已經很自然開始思考要怎麼巧妙回應。（大家常低估一項人際技巧：等對方說完話再回應。）

下面是個簡單的練習，只需要花 30 秒。請誠實回答這個問題：一天下來，你多常刻意**選擇**專注在什麼事物上？換句話說，你花多少時間提早帶著意圖慎重決定自己想做什麼，以及什麼時候進行？

多數人的答案可能會讓人失望。我們的生活很忙碌，頂多偶爾才帶著意圖選擇專注投入某件事，例如，突然意識到自己又在做白日夢；發現自己又開始拖延；再次陷入鬼打牆，在幾個 app 或網站之間來回切換；或是陪伴孩子時，不知不覺就放空了。

我們掙脫慣性模式時，才會認真思考該做什麼，然後努力調整神經元，專注在目標上。

雖然慣性模式可以幫我們應付工作和生活的步調，但注意力是我們最有限的資源，愈是帶著意圖管理注意力，就能變得愈專注、愈有生產力與創意。

以慣性模式過一天

遺憾的是，我們生活和工作的環境基於各自的需求，不斷爭奪我們的注意力，以各種警訊、通知、嗶嗶聲、嗡嗡聲轟炸我們。這種源源不絕的干擾，使我們無法順利投入任何事情。畢竟，我們隔沒多久就會收到一封看似緊急的電子郵件。

如果你已經讀到這裡，表示你可能比一般人更擅長專注。因為讀書需要大量的注意力，然而隨著注意力成為稀有品，愈來愈少人能不分心地專注在閱讀上。不過我得快速問一個問題：現在這個當下，你投入多少注意力在這個段落上？你是 100％ 專注嗎？85％？還是只有50％？隨著時間經過，你的專注程度有變化嗎，尤其是從一個環境移動到另一個環境的時候？你的思緒多常從這頁的文字飄移到腦中浮現的想法，只有眼睛匆匆瞥過文字，沒多加注意，直到發現自己不知道讀了什麼，才又回過神來？*即使是最有經驗、最專注的讀者，也會出

---

* 奇妙的是，研究顯示，大腦開始神遊時，眼睛瀏覽頁面的速度其實變得**比較慢**，表示眼睛和大腦是「緊密相連」的。注意你瀏覽文字的速度何時開始變慢，可以幫你更輕易地停止這種放空的狀況。或許，未來科技的發展能使平板電腦和電子書閱讀器比我們更早偵測到自己放空了。[2]

現這種放空的情況。

難以專注其實是很正常的現象。每天都有無數實例顯示，我們在日常生活中幾乎無法掌握自己的注意力，舉例來說：

- 晚上躺在床上，大腦依然拒絕休息。儘管明天有事情需要處理，想趕快入睡，但大腦還想著今天發生的事情。
- 在最糟糕的時候偏偏又想起最難堪的回憶，那些想法是從哪裡來的？
- 洗澡時放任大腦神遊，腦中突然浮現難能可貴的想法和見解。但我們最需要這種構想時，再怎麼絞盡腦汁也想不出來。
- 走進廚房或臥室，卻忘記自己進來做什麼。為什麼我們對於原先的意圖那麼健忘？
- 想做某件事（例如還有很久才要交的報告）卻無法專注，但是做正事時又拖拖拉拉，反而浪費時間去做雜事。
- 躺在床上，漫無目的來回打開五個手機 app，察看有沒有更新的訊息，直到擺脫這種恍惚狀態。

瀏覽網路時也可能陷入這種漫不經心的無限迴圈，在新聞網站、即時通訊的對話上與社群媒體之間不斷切換。

- 在某件事情解決或不了了之以前，一直擔心個沒完。

當你讀完本書，學會用心提升注意力的方法後，就會更了解這些放空狀態的成因，甚至學會幾招避免放空的技巧。

四種任務

從很多方面來說，管理注意力就像在 Netflix 上挑影片。你第一次進入網站時，看到的是登錄頁面上顯示的精選影片，這些影片不過是目前提供的一小部分影片。Netflix 的首頁如同交岔路口，只不過你不是只有兩條路可選，而是有成千上萬條路徑。其中幾條路可以讓你看得開心，另外幾條可以讓你的大腦放空享樂，還有幾條會教你實用的知識。

決定要在哪裡投入注意力，就像站在類似的交岔路口，只不過這些路徑導向我們可以關注的無數事物。你現在正全神貫注閱讀本書，但是如果你抬起頭來，把目光移開這一頁或電子書閱讀器，便會看到許多吸引你關注的事物，有些事物比其他項目更有意義和生產力。集中注意力閱讀這本書可能比專注在手機、牆壁或背景音樂上更有生產力。如果你和朋友一起吃早餐，把注意力放在對方身上遠比觀看美式足球賽的精華片段更有意義。

當你將外在環境中可能關注的事物加總起來，會發現選項多到難以計數，而且這還沒計入你腦中的瑣事、念頭和記憶。

這就是以慣性模式管理注意力的問題。環境中最緊迫刺激的事情通常不太重要，所以關閉慣性模式才會成為關鍵。**把注意力集中在你選擇的要務上，然後維持專注，可以說是一整天最重要的決定。在哪裡專注，哪裡就會成功。**

想了解爭奪我們注意力的所有事物有哪些，你可以試著把任務分類。在此主要談論與工作有關的任務，但你也可以將同樣的道理套用在居家生活中，本書後面幾章也會探索那些任務。

把要關注的事物分類時，有兩大衡量標準：任務是否有生產力（做了會有成就感），以及任務是否有吸引力（做起來很有趣、無聊、讓人沮喪或難以實行等）。

四種任務類型

	無吸引力	有吸引力
有生產力	必要的任務	有意義的任務
無生產力	不必要的任務	讓人分心的任務

本書中，我會經常提到這個矩陣，所以我們先逐一探討這四種任務。

必要的任務：包括沒吸引力、但有生產力的工作。團隊會議及討論預算的電話會議都屬於此類，我們通常不得不強迫自己做這類工作。

不必要的任務：既沒有生產力、也沒有吸引力的任務，例如重新整理桌上的文件或電腦裡的檔案。我們通常不想做這種事，但是拖延病上身或是不想做「必要的任務」或「有意義的任務」時，就會做這些事情來逃避正事。花時間做沒必要的任務可以讓我們保持忙碌的狀態，但其實只是瞎忙，無法達成任何事情。

讓人分心的任務：包括刺激但沒有生產力的任務，所以是生產力的黑洞，例如社群媒體、多數即時通訊的對話、新聞網站、茶水間的閒聊，以及其他形式的低報酬娛樂。這些活動可能很有趣，但應該節制。你愈擅長管理注意力，花在這類任務上的時間就愈少。

有意義的任務：這一區可說是生產力的甜蜜點（sweet spot）。這些任務是我們的使命，因此會最投入、也最能發揮影響力。很少有任務屬於這一類，我認識的人大多只有三、四件這種任務。把這種任務做好需要動用較多腦力，但我們通常比別人更擅長做這些事情。例如，對演員來說，最有意義的任務可能是排練和表演；對理財顧問來說，最有意義的任務可能是投資、會見客戶與告知客戶產業趨勢；對研究員來說，最有意義的任務可能是設計及執行研究、教學與申請資助；對我來說，最有意義的任務是寫書和部落格文章、閱讀研究報告來獲得新的靈感，以及演講。在你的生活中，有意義的任務可能包括陪伴孩子、兼差或是到慈善機構當志工。

非常有生產力的人只會關注矩陣上方那兩格。但是如果事情真的那麼簡單，你就不需要讀這本書了。你應該已經切身體會到，只做必要與有意義的任務根本是知易行難。這四種任務每天都在爭奪我們的注意力，當我們以慣性模式工作，就很容易被不必要與讓人分心的任務所吸引。結果，我們只有在截止期限逼近時，才把注意力轉到必要與有意義的任務上。

我把這本書裡的研究結果套用在生活中時，發現一個很有趣的狀況：我逐漸減少開啟慣性模式的時間，轉而把更多注意力投入在最有意義與必要的任務上。當你更用心管理注意力，想必也會有同樣的轉變。

找出有生產力的任務

想要提高生產力，有個立竿見影的方法：根據這個矩陣，將工作任務分類。這個簡單的動作，會讓你馬上注意到工作中真正重要的事情。我在書中會經常提到這個矩陣，請先做好分類再繼續閱讀將更有效果。

| 02 |

注意力是有限的資源

「興趣未經認真挑選，經驗將落入一團混亂。」
—— 威廉・詹姆斯（William James）

「你的專注，決定你的現況。」
—— 絕地武士大師魁剛・金（Qui-Gon Jinn），
《星際大戰首部曲：威脅潛伏》
（*Star Wars: Episode I: The Phantom Menace*）

注意力的極限

　　注意力是讓我們過美好生活及完成任務最強大的工具，但我們的注意力主要受到兩方面的限制。

　　第一，**我們能關注的事物有限**，而且極限比你所想的還小。如果我們真的能同時專注在更多任務上，同一時間能做的事情就變多了。例如，一邊彈鋼琴，一邊記住別人的電話號碼；同時和兩個人對話，又一邊用手機回覆電子郵件。然而，實際上，我們頂多只能同時把一、兩件事做好。

周遭環境每分每秒不斷發送源源不絕的資訊給我們的大腦。想想此時此刻你看到的景象、聽到的聲音、接收到的其他資訊，便會發現有無限多種東西會吸引你的注意力。根據維吉尼亞大學（University of Virginia）心理學教授提摩西・威爾森（Timothy Wilson）的估計，大腦每秒接收到 1,100 萬「位元」的資訊，都是以感官體驗的形式呈現。[1]

但是，從這 1,100 萬位元的資訊中，大腦的意識可以一次處理與專注在多少資訊上呢？只有 **40** 位元，不是 **4,000 萬**，也不是 **4 萬**，而是 40 位元。

當我們選定關注的事物，實際上是有效率地從狹窄的頻寬接收資訊。例如，談話會占用絕大部分的注意力，所以我們很難同時跟兩個人個別對話。知名心理學家米哈里・契克森米哈伊（Mihaly Csikszentmihalyi）指出，光是「解讀」對話（為了了解內容）就會占用一半以上的注意力。[2] 除了要解析對方的措辭，也必須分析言外之意。對話時，剩下的注意力可以放在其他無數事物上，例如明天的工作任務、腦中隨機浮現的想法、對方身後的檯燈、對方的噪音、或是你接下來要講的話，但是當下從聽到的話語中擷取意義，是善用注意力的最佳選擇。

注意力受限的第二個原因在於，我們專注於某件事**「之後」，短期記憶只能儲存少量資訊**。把資訊暫存在腦中的能力，無異是一種超能力，因為它能讓我們思考自己正在做什麼。無論你正在解決問題（例如做數學題時，記住要進位的數字）或規劃未來（例如規劃在健身房裡使用各種器材的順序），都能保持思緒清晰。大腦若是沒有這個暫存記憶體，我們可能會盲目應付周遭發生的事情。

不過，說到暫存記憶能容納的資訊量，大腦能處理的資訊奇妙地從 40 位元縮減為 4 位元。我們來做個實驗，請記住下列人名，然後試著寫出來：

- 雅登（Ardyn）
- 里克（Rick）
- 萊恩（Ryan）
- 露辛達（Lucinda）
- 露易莎（Luise）
- 馬丁（Martin）

- 凱爾茜（Kelsea）
- 斯尼薩（Sinisa）
- 德懷特（Dwight）
- 布萊斯（Bryce）

　　在這個實驗裡，有些人可能只能記得三個名字，有些人可以設法記住五個、六個，甚至七個名字，但平均數字是四個。[3]

　　在這種情況下，四這個數字指的是獨特的資訊**組**。例如，如果你能設法把其中幾個名字組成一組訊息（好比想像幾位和列表上名字相同的朋友，把他們集合成一塊），就可以更深入處理那些資訊，記住更多人名。以我為例，我可以記住那十個名字，而且還有餘裕記住更多，但我不是超級天才。事實上，我為了列這份清單，找出本週最常互通電子郵件的人，所以才可以輕易把他們集合成一塊資訊，以便記憶。

　　我們的生活主要是建構在以下的事實基礎上：短期記憶頂多只能存放七條不同的資訊。你只要環顧四周，就可以看到證據顯示大腦總是井然有序地組織資料。以數字二為例，流行文化中有無數例子，顯示出兩兩成對

資訊組記憶法

我們可以運用這種「組」的概念，記住更多日常生活的事物。今天早上我去超市購物時，一邊聽著有聲書（這兩個動作很難同時進行）。我需要買三樣東西：芹菜、鷹嘴豆泥和蘇打餅乾。我走進超市時，想像的是一個三角形，三個角上分別擺著那三樣東西。我不需要努力記住購物清單，只要想著那個三角形就好。想像一道料理是用那三種食材烹煮而成，也可以達到同樣的效果，可能還更容易記憶。

的力量。我們可以輕易一次記住兩件事，所以隨處可見兩兩配對的組合並非偶然，例如活躍的雙人組蝙蝠俠和羅賓、畢特與恩尼（Bert and Ernie，譯注：出自美國知名兒童節目《芝麻街》〔*Sesame Street*〕）和凱文和跳跳虎（Calvin and Hobbes，譯注：出自美國連環漫畫作品《凱文的幻虎世界》〔*Calvin and Hobbes*〕）等搭檔。數字三也可以輕易攻占我們的注意力空間（attention space），例如奧運的金銀銅三面獎牌、童話故事《金髮姑娘和三隻熊》（*Goldilocks and The Three Bears*）、《三隻盲鼠》（*The Three Blind Mice*）與《三隻小豬》（*The Three Little Pigs*）。這類例子不勝枚舉，比如我們把這些故事分成三部分（開頭、中間、結尾），還有「無三不成禮」、「三人成虎」、「三生有幸」之類的俗諺。我們也會把概念分成四種（四季）、五種（五感）、六種（骰子的六個面）、七種（一週七天、七宗罪、世界七大奇蹟）。多數電話號碼也是在這個可以輕易記住的範圍內，每一組數字包含三或四個數字，讓你撥打電話時更容易記住整串號碼。要找到比數字七更大的常見例子，則需要進一步深入挖掘。

注意力空間

　　我以「注意力空間」形容當下關注及處理事情的大腦可用容量，就是任何時間點我們覺察到的範圍，如同大腦的暫存記憶體，暫時存放著大腦正在處理的資訊。注意力空間讓我們同時且快速地儲存、利用、連結資訊。我們選定關注的資訊後，資訊就會占據我們的短期記憶，而注意力空間會確保短期記憶維持活躍，以利運用。注意力和注意力空間共同負責我們絕大多數的意識體驗。[4] 如果大腦是一台電腦，注意力空間就像它的記憶體（RAM，理論上，研究人員把這個空間稱為我們的「工作記憶」，其中的容量則稱為「工作記憶容量」。*）

我們將在本書中深入探討注意力空間。由於這個空間很小，一次只能存放幾樣東西，把它妥善管理好很重要。即使是做白日夢、沒特別注意特定事物的時候，我們也會在注意力空間裡塞入資訊。當我們專注於當下的對話，對話內容就占據全部的注意力空間（至少在有趣的對話是如此）。一邊煮晚餐、一邊看串流影片，則是

---

* 電腦或手機的記憶體愈大，運行得愈快，因為它可以儲存更多資料。但是，記憶體愈大難免會犧牲電池的續航力，尤其是在手機上。蘋果公司最近就是基於這個原因，而不願增加 iPhone 裡的記憶體。電腦裡的記憶體總是處於活躍狀態，資訊不斷穿梭其間，因此消耗掉許多電力。我們的注意力空間之所以有限，也是出於類似的原理。有些科學家認為，人類若是演化出更大的注意力空間，對我們來說會是「很大的生理負擔」，因為大腦為了同時處理那個空間裡的許多資訊，需要變得相當活躍，因此會消耗更多能量。此外，過去250萬年間，人類的日常任務不像現今的知識工作那麼複雜，大腦消耗的能量正好夠用。大腦占全身質量的2～3％，但消耗的能量卻占攝入能量的20％。所以，受限的大腦的注意力空間可以幫我們節省能量，或許有助於提高人類生存的機會。[5]

把兩項任務都塞進注意力空間裡。我們從長期記憶中擷取記憶或事實時（例如朋友的生日或歌名），那些資訊也會暫時存放在注意力空間裡讓我們使用。[6]注意力空間裡裝了當下你注意到的一切事情，那裡就是你整個意識世界。

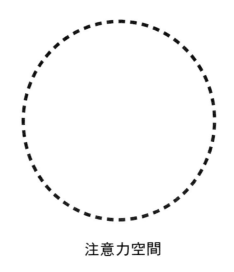

注意力空間

我覺得閱讀以及研究閱讀如何占據注意力空間的科學，是相當有意思的主題。如果你真的專注在這一頁文字上，就幾乎沒有注意力空間再做其他的任務。誠如你沒有足夠的注意力空間一邊開車一邊發簡訊，也無法一邊閱讀一邊發簡訊，因為其中一項任務都會占用過多注意力，無法同時擠進注意力空間裡。你頂多可以一邊閱讀一邊喝咖啡，但你讀得太入迷時，可能會任由咖啡冷掉，或在兩者無法兼顧，濺了一些咖啡在書上。

閱讀時，大腦努力把感知資訊（perceptual information）轉換成你可以記憶與內化的事實、故事和心得。你的眼睛接收到頁面發出的光波後，大腦會把那些光波轉換成文字，那些文字暫時占據你的注意力空間。於是，你開始把單字串接成詞語（構成句子的基本組成）。最後，大腦把你的注意力空間當成速記簿，把**那些**字句組合成一個完整的概念，以便你理解其中深意。

句子結構會影響理解的流程，也能減慢或加快閱讀的速度。就像我們通常不會把資訊分成超過七個資訊組，每本書的架構也是為了配合讀者有限的注意力空間。句子的長度有限，並以逗號、分號、破折號等標點符號隔開。有項研究顯示，句點是我們「不再把資訊塞進注意力空間的時間點。那一刻以前出現的文字，必須以某種摘要的形式存在短期記憶中」。[7]

注意力會不斷與你正在閱讀或進行的行為同步。這裡有個有趣的例子：**眨眼**的動作會配合著注意力的走向。通常人一分鐘內會眨 15 ～ 20 次眼睛，但只有在注意力自然中斷時才會眨眼，例如句子結束、對方講話停頓或影片告一段落的時候。[8] 這種眨眼的節奏是自動產生的，讓你只要專注於閱讀的內容，由大腦的注意力空間搞定其他事情。[9]

注意力空間裡有什麼？

我們來迅速檢查一下，此刻是什麼東西占據著你的注意力空間？換句話說，你在想什麼？

這本書的內容以及你對這本書的感想，是否占據了你百分之百的注意力空間？如果是，你可以把資訊處理得更快更好。你是不是把三分之一的注意力放到身邊的手機上了？還是你有部分的思緒正盤算著讀完這一章要做什麼，或是因為心裡掛念的事情而分心？那些擔憂或焦慮是不是憑空冒出來的？

把思緒轉移到目前占據著注意力空間的事物上，可能是個奇怪的做法，因為我們很少注意到占據注意力的事物，大多時候都完全沉浸於正在經歷的事情中。這樣的流程有個術語，叫做「覺察意識」（meta-awareness，譯注：又稱「意識到自己的意識」或是「後設認知」。）

意識到自己在想什麼是管理注意力的有效方法。你愈是有概念是什麼事物占據著注意力空間，當你開始放空時，就可以愈快把思緒拉回正軌。而且，我們的思緒大約有多達 **47%** 的時間是處於放空狀態。[10]

無論是寫電子郵件、參加電話會議、看電視節目還是跟家人共進晚餐，你有一半的時間和注意力其實是放在眼前**以外**的事情上。那時你可能正沉湎於過去，不然就是在盤算著未來，著實浪費掉很多時間和注意力。雖然讓思緒神遊也相當有價值，但是大多數的時候，專注於當下對我們更有利。

研究證明，光是**注意**占據注意力空間的事物，就能提高生產力。有項研究要求受試者閱讀一本偵探小說，並且想辦法破案。研究人員比較**沒意識到**自己放空的讀者與**意識到**的讀者，結果發現後者的破案率高出許多。[11] 當我們意識到思緒的遊走時，每項任務也會表現得比較好。[12]

如果你留意腦子裡的想法（這個做法很難維持一分鐘以上），會發現注意力空間裡的內容不斷在變。你會了解到，注意力空間真的**就是**速記簿，許多想法、任務、對話、專案、白日夢、電話會議以及你注意的其他

正念練習

基本上，注意**填滿**腦海的念頭就是在練習正念，也就是在任何時刻專注於正在思考、感受、感知的東西。正念還增添另一個重要的面向，讓你不去評斷正在想的事情。當你注意到正盤據著大腦的念頭時，會發現腦中可能浮現一些很瘋狂的想法。然而不是所有的想法都是真的，例如在腦中扎根的負面自我對話。每個人的大腦或多或少都會這樣，所以不必擔心，也不必太在意所有的想法。誠如我欣賞的作家大衛・凱恩（David Cain）所說：「每個想法都想獲得正視，但值得你正視的想法少之又少。」

事物持續穿梭而過。你也會發現，注意力空間會隨著心情而擴大或縮小。你關注的事物在這個空間裡消失的速度，就跟它冒出來的速度一樣快，而且通常你完全沒感覺。儘管注意力空間的功能強大，其中的內容卻稍縱即逝，停留在記憶中的時間平均僅維持十秒。[13]

適合的任務組合

所以，究竟哪些東西適合放在注意力空間裡呢？

任務的複雜程度不同，占用的注意力空間也不同。有意義的談話（而非隨口閒聊）即使沒有占據全部的注意力空間，也占掉多數空間。如果你談話時，試圖把其他許多東西也一併塞進注意力空間裡，就會受到影響。例如，談話時你把手機放在桌上，就一定會被可能收到的訊息干擾。

並非所有任務都需要占用那麼多注意力空間。我們的生活和工作中有兩種任務，一種是習慣，不需要多加思索就能執行，動用的注意力空間也很少；另一種是複雜的任務，只有專注執行才能做好。許多專家認為，我們無法多工作業。這個說法確實符合需要專注才能做好的任務（占用較多的注意力空間），但是套用在習慣上則不盡然。事實上，我們可以同時進行多種習慣，而且還做得出奇順暢。雖然我們無法同時跟兩個人個別對話，但可以一邊走路、一邊呼吸、一邊嚼口香糖、一邊聽有聲書（這個任務很容易就占據剩下的注意力）。

習慣性的任務，比如剪指甲、洗衣服、把讀過的電子郵件歸檔或去超市購物等，不像複雜的任務占用那麼多注意力。所以，即使一心多用做這些事情，也不會影響行動品質。每逢週日，我喜歡把相對單調的「維護任務」集中在一起完成。那些任務可以幫我把自己打理得更好，例如準備餐點、修剪指甲或打掃房間等。我把這些任務全部集中在一段時間內完成，同時一邊聽播客或有聲書，這很快就變成我最喜愛的每週例行公事之一。你也可以趁每天通勤時這樣做，例如利用通勤的一小時聽有聲書，善用習慣釋出的注意力，就可以每週多讀一本書。

習慣占用的注意力空間很小，因為一旦養成習慣，你幾乎不需要多想就能完成。《意識與大腦》（*Conscious-ness and the Brain*）的作者暨認知神經學家史坦尼拉斯・德哈納（Stanislas Dehaene）告訴我：「如果你把習慣想成彈鋼琴、穿衣服、刮鬍子或在熟悉的路線上開車等，這些事情可以自然而然地完成，幾乎不會干擾到有意識的思考。」他表示，雖然這種習慣可能需要某種程度的意識才能**啟動**，但行為一旦啟動，就會自己走完整個流程。我們可能偶爾需要做一些有意識的決定，比如何時穿衣、何時洗週二的衣服，但是下決定之後，就可以切入習慣模式，不加思索地完成習慣的程序。德哈納認為這個流程「大概是由大腦中與序列有關的活動所驅動」。

當我們試圖同時進行超過一件習慣性任務，大腦甚至還會提供協助，把血液從前額葉皮質（大腦的邏輯中心）導向基底核（basal ganglia），幫我們執行日常慣例的習慣順序。

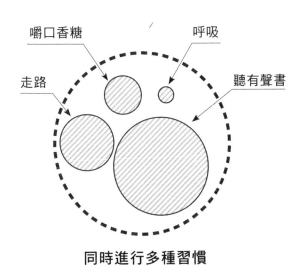

同時進行多種習慣

我們同時進行不相關的任務時，注意力空間甚至可以處理更多資訊。例如邊講電話邊分類及整理要洗的衣服，這類型的活動涉及多種知覺：分類衣物涉及動作和視覺；講電話則涉及聽覺。由於我們是使用不同的大腦區域處理這些事情，各項任務不會爭奪相同的腦力資源。[14] 當然，注意力空間還是有臨界點，一旦同時進行太多習慣性的任務，將導致注意力空間超載。如果你做的事情無法完全自動化、需要經常動腦時，更是如此。總之，重點是：注意力空間裡能夠同時承載的習慣數量，遠多於傷神的任務。

那些**無法**靠習慣完成的任務，例如讀書、深入對談，或是為老闆準備進度報告等等，會占用大量注意力空間，因為要做好這些事情，需要用心、迅速地處理資訊。如果我們是靠著習慣跟另一半對話，可能完全不去思考或記住對話內容，只會回應對方：「嗯，沒錯。」

如果你把工作任務按照第一章的「四種任務類型」分成四類（我強烈建議你這樣做，因為稍後還會提到它），就會注意到，那些最必要、最有意義的任務都不能靠習慣完成，*所以才最有生產力。你進行那些任務可以得到的收穫更多，因為你需要動用注意力和腦力，以及善用獨特的技能。任何人都可以靠習慣完成不需要動腦筋的任務，因此去做讓人分心的任務代價才會如此高

---

* 如果你**可以**靠習慣完成最有生產力的任務，這表示你應該委外處理、完全屏除或刻意花更少時間和注意力在這種任務上面。

昂。這種任務既誘人又刺激（例如辛苦上班一天後回家看 Netflix，而不是跟朋友去吃飯），卻也占用了你執行最有生產力任務的寶貴時間。

把時間花在最有生產力的任務上，意味著即使還有可以額外的注意力，也所剩不多。

複雜的任務跟習慣性任務不同的是，我們無法同時把兩種複雜的任務塞在注意力空間裡。別忘了，我們一次只能專注在 40 位元的資訊上，光是一件複雜的任務就會占用多數空間。除了注意力的極限之外，我們一次能處理的資訊也很有限。

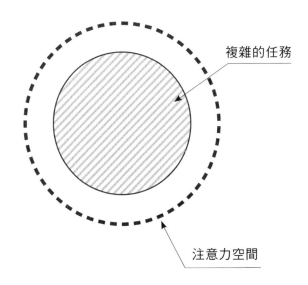

複雜的任務

注意力空間

即使是難度中等的任務，也會占用大部分的注意力，所以我們**頂多**只能以習慣搭配一項較為複雜的任務一起進行。

而且，我們無法輕易預測某項任務會占用多少注意力空間。舉例來說，如果你常開車，開車占用的注意力就比駕訓班的學生少很多。當你已經有執行某項任務的經驗，便可以迅速將資訊集結成資訊組，因此有更多空間關注其他事物。另一個變數是注意力空間的實際大小，因為每個人的空間大小各異。

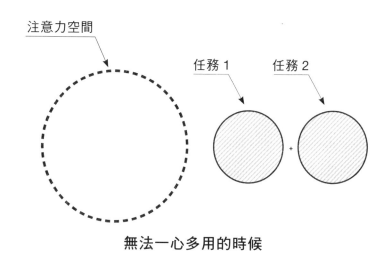

無法一心多用的時候

總結來說，下列三種任務組合通常很適合放進注意力空間，也不會超過負荷。

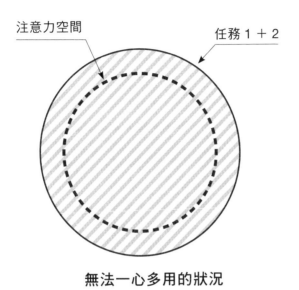

注意力空間

任務 1 ＋ 2

無法一心多用的狀況

1. 幾項習慣性的小任務

我們可以一邊跑步一邊呼吸，同時注意心跳速度又享受音樂，這些事情可以同時進行無礙。不過，如同前述，啟動這些習慣需要動用注意力，過程中想要介入也需要注意力以免偏離正軌（或者，聽音樂時想換歌也需要動用注意力）。

2. 一項大任務＋一項習慣性任務

注意力空間很強大，但也很有限。我們頂多只能同時做一項習慣性的小任務與一項需要大部分注意力的任務。舉兩個例子：一邊進行日常維護工作，一邊聽播客或有聲書；一邊聽有聲書，一邊玩簡單、重複性質高的手遊。

以不需要動腦筋的習慣性任務填補注意力空間，通常不是善用閒置注意力的好方法。所以，請盡量避免把注意力空間填滿。

3. 只做一項複雜任務

生產力最高的任務，亦即你投入的每一分鐘都可以完成更多成就的任務。它們大多屬於複雜的任務，但你花費的時間和注意力愈多，生產力愈高。

複雜的任務占用的注意力空間會隨著時間而異。例如，與老闆討論時，你耗費掉的注意力空間可能會隨著談話內容時而減少、時而增加。談話內容變輕鬆時，你的大腦可能會開始神遊；談話內容轉趨複雜時，你的注意力又會被拉回來。在團隊會議中，你可能瞬間改變身分，從被動的觀察者變成被點名提供專案最新進度的報告者。

投入複雜任務時，留一點閒置的注意力空間有兩種作用：

- 你可以騰出一些空間思考完成任務的最佳方法，如此一來，就可以更聰明地工作，避免落入慣性模式。注意力空間被塞滿時，某些巧妙的構想就不可能冒出來。例如，你可能突然想到，應該刪除簡報的前言，直接開門見山切入主題。

- 為注意力空間留點餘裕，也可以讓你敏銳意識到該把注意力放在哪裡。這表示，當大腦免不了神遊時，你更容易把注意力拉回手上的任務。而且，萬一任務突然變得更複雜，你還有額外的注意力空間可以應付。

注意力超載

　　把合適的任務類型適量地放入注意力空間中，既是一門藝術，也是對生產力的一種投資。畢竟，注意力超載的代價可能很嚴重。

　　你是否曾經走進廚房或客廳，卻忘了當初為什麼要去那裡？這表示你已經陷入注意力超載的陷阱。你把太多東西塞進注意力空間中（例如身後正在播放的電視節目、不經意的想法、剛剛瀏覽的網路電影資料庫〔IMDb〕網頁），已經沒有額外的注意力空間留給最初的意圖。前述例子中，你原本其實是要去餐桌上拿伴侶留下來的超市購物清單。

　　當你從辦公室開車回家，腦中仍惦記著工作上的問題時，也會發生這種情況。這時，你的大腦可能塞得更滿：解讀廣播節目的脫口秀內容，同時反覆思索今天工作上發生的事情，又依序執行多項習慣，以便靠慣性模式開車回家。如果你打算途中順便買麵包，注意力空間很可能連那麼小的簡單意圖都容納不下。回到家時，你已經累壞了，直到隔天早上打開麵包櫃，才想起前一天忘了買麵包。

　　我們在生活中必須盡量帶著意圖，尤其該做的事情那麼多，時間卻那麼少。意圖讓我們可以分辨輕重緩急、優先順序，以免注意力空間超載。這樣做也可以讓我們更平靜，好比在暴飲暴食後可能感到不舒服，太多任務塞爆注意力空間時也會讓你心神不寧。

不管任何時候，注意力空間最好只容納兩件正在處理的關鍵事情：你想完成的事情，以及你正在做的事情。當然，你不可能隨時隨地都這麼做，尤其是沉浸在一項任務的時候。但是，留意你的意圖，可以確保你沉浸其中的事情，是你真正想完成的任務。

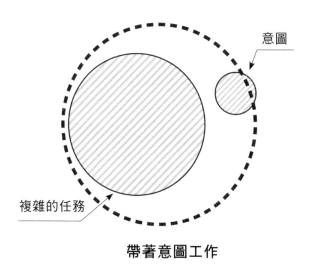

帶著意圖工作

如果你發現自己正在用慣性模式處理重要的工作，很可能是因為你試圖塞太多資訊到注意力空間中。如果不刻意管理注意力，注意力空間就會塞爆，下列有幾個常見的例子：

- 一邊照顧幼童，一邊購物。
- 一邊走路，一邊發簡訊。今天早上我才看到有人這樣做，結果撞到郵筒。
- 倒回重看電影、電視節目或重聽有聲書，因為剛剛有人跟你說話，或是你放空了。
- 因為腦中想著別的事情，或是分心看電視，結果把小蘇打加入烘焙食材中而不是加泡打粉。
- 離開電影院時肚子痛，因為看電影時不知不覺吃下太多爆米花。
- 在超市購物時，忘了幫下一位顧客把分隔棒放到收銀台輸送帶上，今天早上排在我前面的女士就忘了這樣做，因為她正忙著翻閱雜誌。

你可能經歷過很多類似的情況，其中有些是無法避免的，因為生活中常出現意想不到的驚喜或意外。但是，其實很多情況**可以**避免，只要留意你什麼時候會開始感到不知所措，這就是個很好的訊號，提醒你應該檢查是什麼占據注意力空間，很可能是你一次想把太多東西塞進去。

避免注意力空間超載的最好方法，是精挑細選要放進去的東西。例如，開車回家的路上關掉收音機，可以幫你思索今天發生的事情，也記住打算順便買麵包的意圖。在家裡，你可以暫停電視節目或改成靜音模式，以免不知不覺思索節目內容，忘了你本來打算去另一個房間拿紙條。類似這樣的小改變，可以幫你把注意力集中在你的意圖上。

簡化注意力空間讓我們有足夠的餘裕，帶著意圖生活及工作一整天。這也讓我們花更多的時間，處理當下重要又有意義的事情。注意力空間的狀態，決定了你的生活狀態。注意力空間超載時，你會覺得不堪負荷，難以招架。注意力空間空曠時，你也會覺得神清氣爽。注意力空間愈是井然有序，你的思緒也愈明白清晰。

簡化當下關注的事情乍聽似乎不合常理，畢竟，需要做的事情很多時，我們自然而然傾向盡量專注在愈多事物上。更糟的是，大腦的前額葉皮質（前腦的主要部

馬上檢查

此刻是什麼占據了你的注意力空間？請盤點腦中思緒，如果發現注意力空間有點太滿，就簡化裡面的內容。你可以寫下其中幾件事，以便待會再處理；或者把注意力重新拉回手上這本書。

分，能讓我們規劃、邏輯思考與完成工作）天生就有「新奇偏好」（novelty bias）。[15] 每次我們切換不同任務時，前額葉皮質就會分泌多巴胺作為獎勵。多巴胺是能夠令人感到愉悅的化學物質，每當我們狼吞虎嚥吃下中等大小的披薩、完成了不起的成就或下班後小酌一番時，大腦就會迅速分泌多巴胺。你可能已經注意到，坐下來看電視時，會很自然地拿起平板電腦；工作時忍不住開啟新視窗收發電子郵件；又或者，手機就在身邊時，感覺比較有精神做事。不斷尋找新奇刺激能讓人**覺得**自己更有生產力，畢竟你每個時刻都做了更多事情。但是，話又說回來，更忙碌不見得表示你完成更多事情。

幾乎每本健康書都有一段內容談到大腦有多原始，我們必須學習凌駕大腦產生的衝動，這本書也不例外。遺憾的是，大腦的組織架構不是為了知識工作而生，而是為了生存和繁殖。大腦的演化讓我們渴望可以刺激多巴胺分泌的事物，也強化從古至今能提高人類生存機率的習慣和行為。性愛過後，大腦會分泌多巴胺作為繁衍的獎勵。攝取糖分，大腦也會分泌多巴胺，因為它是能量密集的食物，能讓人類在糧食缺乏的狀況下活得更久。這一連串生理反應在人類演化的早期很實用，因為以前的物資不如現代豐盛。

　　我們沒有好好管理注意力，大腦也會提供獎勵，因為對古代祖先來說，注意環境中的新威脅有助於提高生存的機會。早期的人類不會因為太專注於生火，而忽略周遭虎視眈眈的猛獸，他們隨時都在掃視周遭是否有潛在的危險。即使那樣做導致生火時缺乏效率，至少他們還能活著看到明天（並且再生一把火）。

　　如今，我們周邊最近的老虎是在動物園裡，以往幫助我們提高生存機率的「新奇偏好」，現在反而成了絆腳石。我們擁有的裝置（包括電視、平板電腦、電腦、智慧型手機），遠比我們該專注具生產力且重要的任務更刺激。所以，在不太需要擔心掠食動物攻擊的情況下，我們很自然地把注意力集中在電子產品上。

研究「生產力」相關主題多年後，我發現這個詞已經有點濫用。「生產力」通常是指令人感到冷漠、與職場工作有關且過分注重效率的狀態。不過我比較喜歡另一種更平易近人的定義：生產力意指完成我們想做的事。如果你今天打算寫 3,000 字、跟領導團隊一起完成一場精彩的簡報，並且處理所有新進的電子郵件，後來也真的把這些事情都完成了，那你的生產力就很高。同樣地，如果你打算有個放鬆的一天，什麼都不做，你的生產力依然很高。**忙碌**不會讓人更有生產力，無論你再怎麼忙碌，要是沒有完成重要的事也沒有用。生產力不是把更多事情塞進一天裡，而是在每一刻做**正確**的事情。

累積的代價會反撲

在此值得再次重申，**多工作業並沒有問題**。一次做好幾件事是完全有可能的，尤其是工作和生活上的習慣性任務。但是，區分「切換注意力」和「多工作業」很重要。多工作業是指同時專注於一件以上事情；切換注意力則是把注意力的焦點（或注意力空間）從一項任務轉移到另一項任務。在一整天的工作中切換注意力有其必要，如果整天只專注做一件事，無論那件事有多重要，可能都無法做得周全。不過，太常切換注意力也很危險，尤其是當周遭新奇事物和干擾數量超出大腦負荷的時候。

注意力超載的最大代價可能是讓人陷入慣性模式，但問題不僅於此。首先，注意力空間塞爆時會影響記憶。你可能已經注意到，看電視或電影時，如果手機放在旁邊，對電視或電影的記憶也比較薄弱。事實上，我注意到，愈來愈多電子裝置融入生活時，我的整體記憶力也減弱了。科技吸引我們每時每刻都把注意力空間填滿，形成時間過得飛快的錯覺。這導致我們記住的資訊更少，因為只有專注於某項事物時，大腦才會積極地把它編寫成記憶。* 16

注意力空間同時應付過多任務時，我們將無法注意及記住重要任務的細節。多工作業時，大腦甚至是以**完**

---

* 這也是為什麼你應該刻意關注最近忘記的任務，例如關掉烤箱。研究學業也是基於相同原理在運作，多次注意同個資訊，更有可能記住那項資訊。

全不同的部位來處理不同的任務。以 K 書為例,史丹佛大學心理學教授羅素・波德拉克(Russell Poldrack)解釋:「以多工作業的方式學習時,比較依賴大腦的基底核,這個部位涉及技能和習慣的學習。」不過,「我們以更專注的態度把資訊編寫成記憶時,則比較依賴大腦的海馬迴,它實際上是讓我們儲存與回憶資訊的部位。」

如果我們的時間不是用來創造回憶,像是對話、餐飲、度假與其他體驗的回憶,那有什麼用呢?要是我們無法專注於任何事情,只注意眼前的「焦點」,之後很自然就會遺忘自己是怎麼度過那段時間。注意力超載導致我們的行為變得更沒意義,因為我們不記得當初怎麼利用那些時間。[17]長遠來看,這會影響生產力:我們會犯更多錯誤,因為沒有把第一次犯錯的教訓妥善編寫成記憶。我們累積的知識也比較少,這對從事知識工作的人來說,長期來看也是相當不利。

不斷切換關注的目標,從一件事轉到另一件事,又轉到下一件事,不僅會阻止記憶的形成,還會降低生產力。研究顯示,愈常塞爆注意力空間,就需要花更多時間切換任務,也會影響我們過濾無關資訊的速度,更難以壓抑那些動不動就想切換任務的衝動。

我在第 0 章提過,當我們在電腦前工作(這個裝置無疑充滿吸引我們的新奇事物),平均只要工作 **40 秒**就會開始分心或受到干擾(換句話說,是我們打斷自己)。當你想到手機就在身邊,隨時都可能干擾我們時 [18],40 秒這個數字就更令人擔憂。我們最佳的工作表現,無疑是發生在 40 秒以後,畢竟每項重要任務幾乎都需要專注超過 40 秒才能做好。*

持續打斷自己除了明顯有礙生產力以外,其實我們也不是很擅長切換注意力。即使我們的注意力空間維持

---

* 另一項研究找來50位受試者,觀察這群人多常切換任務,並深入檢視其中最專注與最分心的10位受試者各自的平均注意力能延續多久。最分心的受試者,每29秒就會切換任務;最專心的受試者,每75秒切換一次任務。換句話說,即使是最專注的受試者,也在工作超過1分鐘不久後就分心了。[19]

關掉推播通知

稍後我會以一整章的內容討論如何因應這種分心和干擾，不過這裡先講一個祕訣：提高生產力的一大妙方，是打開手機的「設定」app，更改每一個的通知設定，把那些絕對沒必要的通知全部關掉。如果你使用電腦和平板時也常分心，可以套用同樣的設定。究竟哪些通知是真的重要，哪些又阻礙你專注超過 40 秒？其實，多數的通知都是多餘的，所以我才會完全移除手機上的電子郵件app。

得很清爽，只專注於單一任務，迅速切換任務也會衍生很大的代價。華盛頓大學組織行為學教授蘇菲・勒洛里（Sophie Leroy）指出，我們不可能無縫接軌順暢切換任務。她自創「注意力殘留」（attention residue）一詞，說明我們切換到另一個任務後，注意力空間裡仍殘留著上一個任務的片段。「就像是你坐在會議室開會，但腦中一直想著開會前處理的專案，或者會後你急著要做的事情。那是一種注意力分散的狀態，部分大腦想著你參與的其他專案，導致你很難專注投入目前進行的事情。」
即使你明明已經切換到新任務一段時間，這種注意力殘
留的狀況還是讓大腦持續評估、解決、反省、思索著上
一個任務。[20]

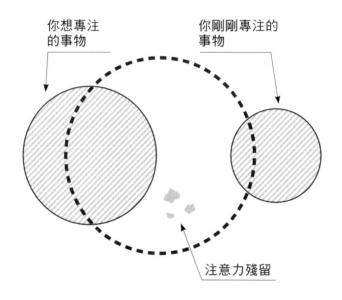

你想專注
的事物

你剛剛專注的
事物

注意力殘留

完成一項任務以後才切換任務，可使切換過程變得
更流暢，尤其時間壓力（例如截止日期）逼我們盡快完
成任務的時候。勒洛里解釋：「相較之下，如果你完成

的任務沒有急迫性，大腦還是會一直想著：『還有別的事情該做嗎？』『這件事還有別的做法嗎？』或是『也許我可以做得更好。』所以即使任務已經完成，大腦還是很難結案。」由於大腦不再有動力去完成這些期限寬鬆的任務，勒洛里發現「目標的刺激效果減少了」。時間壓力使我們把焦點集中在任務上，阻止大腦思考其他更有創意的解決方法。[21] 我們因此不太質疑自己的做法，因為根本沒有時間思考替代方案，這使得切換任務變得更容易。

不過，這也帶出另一個問題：切換任務對生產力的負面影響有多大？切換任務確實會讓你覺得更刺激，而且如果只會延遲 5％工作時間或是偶爾出錯，這樣的代價也許還值得承擔。然而，實務上，代價通常更嚴重。有項研究發現，**持續切換任務花費的工作時間，會比一鼓作氣完成任務的時間多出 50%**。[22] 如果你正在做的專案沒有壓力或期限，在切換至其他任務以前，最好先休息一下，以便消除注意力殘留。就生產力來說，最佳的休息時間是在完成重大任務之後。

注意力的品質

　　意圖是捍衛注意力空間的保鑣，它只讓有生產力的任務進入，把令人分心的事物隔絕在外。沒有什麼做法比起帶著意圖專注更能有效改善整體生活品質。我們不可能每分每秒都帶著意圖工作和生活，因為外在需求難免會介入干擾，我們的焦點也會轉移，注意力空間可能超載。但是，我們可以盡量拉長帶著意圖的時間，以便完成更多任務。

　　本章比較偏重理論，為了實踐其中的建議，你需要做幾件事：更常帶著意圖；簡化環境以減少分心；克服對某些任務的排斥感；受到干擾前先消除令人分心的事物；清除腦中雜念。接下來的章節會依序說明這些概念，但先理解它們背後的原理很重要。

　　選擇注意力的焦點以及維持清爽的注意力空間，可以一次達成幾件事，你會因此：

- 更常完成想做的事情。
- 注意力更強，因為你更擅長捍衛注意力空間。
- 記住更多事物，因為你可以更深入處理眼前的資訊。
- 減少內疚及疑慮，因為你知道自己帶著意圖完成任務了。

- 減少浪費時間做不重要的事情。
- 比較不會受到內在及外在不重要的事物干擾。
- 腦筋更清晰，壓力減少，比較不會出現不知所措的感覺。
- 覺得工作更有意義，因為你選定的是值得關注的事物。（帶著意圖也避免你感到「乏味」，這通常是因為缺乏意義。）
- 更用心與人相處，而不只是花更多的時間待在一起，如此可以培養更深厚的關係和情誼。

衡量注意力品質的方法有很多，但我設計出三項做法追蹤自己的進展。你在生活中採用本書建議的技巧時，也可以運用這些做法衡量成果：

1. 你每天帶著意圖做事的時間有多少？
2. 你每次全神貫注可以持續多久？
3. 你放空多久後才會察覺？[23]

接下來，讓我們開始學習提升注意力的技巧！

| 03 |

極度專注力模式的威力

什麼是極度專注力？

回想一下你上次生產力爆發、完成大量工作的日子，那天你可能符合下列幾種情況。

首先，你可能只專注在一件事上，而且也許是出於必要，因為截止期限逼近，這個任務自然占據整個注意力空間。

那天，你可能很擅長閃躲干擾。每次注意力被打斷，很快就會回歸正軌。你全神貫注工作時，不會忙亂地不停切換不同的任務。即使放空（你還是會經常放空，只是不像平常那麼頻繁），你也很快就把注意力拉回手上的工作。

那項任務的難度可能也恰到好處，不會難到讓人望而生畏，也不會簡單到可以靠慣性運作。因此，你可能已經**完全**沉浸在工作中，進入一種「心流」（flow）狀態，每次抬起頭來看時間，就發現一小時又過了，但你感覺才過 15 分鐘而已。神奇的是，你設法在一個小時完成相當於幾個小時的工作量。

　　一旦克服啟動的障礙，你幾乎不會遇到阻力妨礙你堅持下去。即使你很努力工作，事後卻一點也不疲累。奇怪的是，這麼努力工作，反而不像以前拖拖拉拉工作那麼疲累。即使你因為飢餓、安排好的會議或該下班回家而不得不停下工作，你的動力依然很強。

　　這一天，你啟動了大腦最有生產力的模式：極度專注力模式（Hyperfocus）*。

　　當你運用極度專注力模式投入任務，你會擴大一項任務、專案或其他的關注目標……直到它完全占據你的注意力空間。

---

* Hyperfocus（編注：原意為「過度專注」）源於 ADHD（注意力不足過動症）文獻，描述單一任務占用一個人全部注意力的現象，而且不管那項任務是否重要。罹患 ADHA 的人不是無法專注，他們只是專注時比較難以掌控注意力。我借用這個詞賦予它類似的意思：極度專注，但同時伴隨著用心關注。如果你專注的目標不重要，再怎麼專注也是枉然。

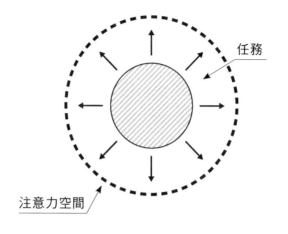

任務

注意力空間

極度專注力模式

你謹慎、刻意地管理注意力來進入這個模式：選定關注一項重要目標，消除工作中無可避免會讓你分心的事，然後只專注在那項任務上。極度專注力模式同時符合多項條件，謹慎、不分心，並迅速集中注意力，它會讓你完全沉浸在工作中，感到非常快樂。回想上次你處於這種狀態時，工作帶給你多少活力。在極度專注力模式下，你可能比平常工作時更加放鬆。讓單一任務或專案占據全部的注意力空間，意味著這種狀態不會讓你覺得有壓力或不知所措。這時注意力空間沒有被塞爆，工作也不會感覺那麼混亂。由於極度專注力模式有更高的生產力，即使工作的速度放慢一些，還是可以在短時間內完成驚人的工作量。

在忙得昏頭轉向的工作與生活環境中，這種模式聽起來就像難以取得的奢侈品。但是事實不然，極度專注力模式意味著你**沒有那麼忙**，因為只有少數事物得以進入注意力空間。事先決定好要做哪項任務，可以讓你專注在當下真正重要的事情上。這點在知識工作環境中尤其重要，因為不是所有任務都一樣重要。相較於以許多瑣事塞滿注意力空間（通常是無心的），以極度專注力模式工作一個小時會完成更多事情。這個建議乍聽之下似乎有悖常理，卻是絕對的關鍵：占用時間的事情愈多，愈有必要用心選擇要關注什麼事、以及關注多少事情。**你不可能永遠忙到無法進入極度專注力模式。**

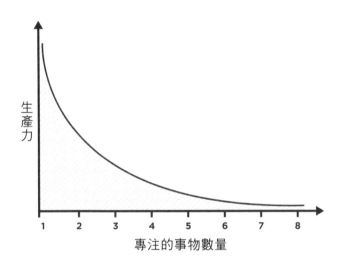

遇到最重要的任務時，關注事物愈少，生產力愈高。

不要專心執行習慣性任務

極度專注力模式最關鍵的重點在於，只能有一項有

生產力或有意義的任務占據你的注意力空間，這是絕對不容妥協的，因為最關鍵的任務、專案、約定都會從你投注的注意力中受惠。這些事情通常不是習慣，因為理論上習慣不會占用你全部的注意力。

這不是說極度專注力模式無法套用在習慣上，再小的任務都可能占據你的注意力。你夠努力的話，也可以全神貫注看著油漆變乾。但是，把這種心理模式保留給複雜的任務、不要用在習慣上才是最好的使用方法，原因有兩個。

首先，極度專注力模式需要靠意志力和精力來啟動，意志力與精力有限，我們無法使用一整天。由於習慣占用的注意力空間很小，執行時真的沒必要全神貫注。

第二個原因很有趣，全神貫注在複雜的任務上，表現會更好；但全神貫注在習慣性任務上，表現反而**不如預期**。

上次你注意到別人觀察你走路的樣子時，可能已經體會過這一點。你頓時開始專注地確保**像完全正常的人一樣走路**。但是，很可能你馬上就變得跟機器人沒什麼兩樣，僵硬地在人行道上行走。直言不諱地說，你的行走能力受到了影響。*又或者，上次你去打保齡球，突然很好奇這次為何得分比平時多，想了解你究竟做了什麼。但你開始注意自己的動作後，對手的得分就開始超前，最後贏了你。當你全神貫注在平常靠習慣運作的活動時，反而會失常。研究分析熟練的老鳥打字員時，也發現同樣的現象，他們愈注意自己的打字，打字速度愈慢，犯的錯愈多。執行類似的習慣性任務，最好不要全神貫注在上面。[1]

把極度專注力模式保留給最複雜的任務，也就是真的能從你的專注中受惠的任務，例如寫報告、規劃團隊預算或與親近的人進行有意義的深談。

這樣做會出現一些奇妙的現象。首先，因為只專注在一件事上，注意力空間可能還有一些餘裕，足以讓你一直謹記著原先的意圖。如此一來，你也比較不會分心或受到干擾，因為你有足夠的覺察力（awareness），可以事先察覺那些干擾並刻意迴避。或許最重要的是，工作時也有足夠的注意力，可以深入思考手上進行的任務。因此，你可以記住及學習更多，放空時更快回到正

---

* 這種狀況部分源於心理學界所謂的「聚光燈效應」（spotlight effect），你覺得大家都在看你，但實際上根本沒有人在乎你做了什麼。

軌，解決問題時也有餘裕思考替代方案。這些好處都可以幫你大幅節省完成任務所需的時間。更快完成更多事情的最佳方法，就是不要把注意力放在不重要的事情上。

極度專注力模式的四個階段

不論何時，你的注意力可能是放在外在環境或內在想法上，也可能同時放在兩者上。只關注外在環境，意味著你正有效率地處於慣性模式。等候紅綠燈轉換燈號，或是在手機上不斷輪流切換幾個 app 時，就是陷入這種模式。當你只關注內在想法，則是在做白日夢的狀態。你不帶手機出門散步，淋浴時讓大腦神遊，出外慢跑時，可能會出現這種現象。當你**同時**關注內在想法和外在環境，並刻意把注意力引導到一件事情上時，便是進入極度專注力模式。[*2]

---

* 這種情況下，極度專注力模式是進入米哈里・契克森米哈伊（Mihaly Csikszentmihalyi）所謂「心流」狀態的前奏。心流是指完全沉浸在當下的任務、感覺時間過得飛快的狀態。契克森米哈伊在《心流：高手都在研究的最優體驗心理學》（*Flow*）中解釋，我們進入這種狀態時，「其他一切似乎都不重要了」。只專注做一件事很重要，還有另一個原因：不讓其他事物爭奪有限的

如何進入極度專注力模式？

　　科學研究顯示，我們開始集中注意力時，會經過四種狀態。首先，我們集中注意力（並展現高度生產力）。接著，假設我們沒有分心，也未被打擾，大腦還是會開始放空。第三，我們注意到大腦放空了。我們可能需要一段時間才會發現，尤其如果你不常檢查是什麼東西盤據著注意力空間，更不容易察覺（我們平均每小時會發現自己放空五次[3]）。第四，把注意力拉回原本專注的事物上。[4]

　　極度專注力模式的四個階段是以這個架構建立起來的。

　　為了進入極度專注力模式，你必須：

1. 選定關注一項有生產力或有意義的任務。
2. 盡可能消除外部和內部的干擾。
3. 把注意力集中在選定的任務上。
4. 持續把注意力拉回必須關注的任務。

　　注意力時，你體驗到心流狀態的機率頓時倍增，極度專注力模式是引導我們進入心流狀態的過程。

為你打算專注的任務設定一項目標是最重要的步驟，當任務愈有生產力和意義時，你的行動也愈有生產力和意義。例如，你的專注目標可能是指導一位新進員工、把一項重複的任務自動化，或是腦力激盪新產品的創意概念，設定目標絕對會比漫無目的地以慣性模式工作更有生產力。

　　同樣的道理也適用在家裡，關注的任務愈有意義，生活也變得愈有意義。把專注的目標設定成跟伴侶交談或與家人一起吃飯，就能獲得極度專注力模式的效益。我們學到更多，記住更多，更深入地處理行動，生活也因此變得更有意義。為了進入極度專注力模式，這樣的第一步非常重要，你一定要先選定目標，再集中注意力。

　　達到極度專注力模式的第二步，是盡可能消除內部和外部的干擾。我們之所以會分心，理由很簡單：當下讓人分心的事物比我們該做的事情更有吸引力，而且不管在職場或家中都是如此。電腦螢幕角落跳出的來信通知，通常比我們正在另一個視窗執行的任務更有吸引力；酒吧裡伴侶身後的電視，通常比專注在對話上更誘人。

　　事先消除令人分心的事物，總是比事後排除容易得多，等它們出現時，往往已經來不及阻止干擾。**內在干擾**也需要控制，好比腦中隨機冒出的記憶（有時還是尷尬的記憶）、阻擋我們專心的想法、對沒有吸引力的任務（例如繳稅或清理車庫）產生的排斥感，以及大腦不自覺的神遊。

第三，預先決定要專注多久，比較容易進入極度專注力模式，而且你必須騰出一段可行又舒適的專注時間。前兩個步驟的基礎打得愈好，你更能深入、有自信地完成第三個步驟。

第四，也是最後一點，極度專注力模式可以在我們放空時，把注意力拉回最初關注的目標。我會經常重複提到這點，因為這是本書最重要的概念之一。研究顯示，我們的思緒有多達 47％ 的時間是處於神遊狀態。[5] 換句話說，如果我們醒著 18 個小時，真正專注投入手上任務的時間只有 **8 個小時**。大腦放空是人之常情，但關鍵在於拉回注意力，這樣才能把時間和注意力放在眼前的重要事物上。

此外，一旦分心或受到干擾後，平均需要花費 **22 分鐘**才能重新回到工作狀態。如果是**自己**打斷或分散注意力更糟，需要 **29 分鐘**才能回到原本的任務上。[6] 愈常審視占據注意力空間的事物，就能愈快把注意力拉回正軌。現在，你還不必太擔心，稍後我們會再談到細節。

所以，極度專注力模式一言以蔽之就是：工作時全神貫注在一項重要、複雜的目標上。

選擇要關注的目標

沒有目標的專注根本是浪費精力。你一定要先選定目標，再集中注意力。事實上，目標和注意力是相輔相成的概念。設定目標讓我們決定如何利用時間；把注意力集中在目標上，便能有效率地達成任務。提高生產力最好的辦法，就是先選擇你想完成什麼任務，然後再開始工作。

設定目標時，應該謹記一點：不是所有的工作任務都應該一視同仁。有些任務是投入的每一分鐘都會產生相當大的成效，例如騰出時間規劃每天想完成的主要任務，指導一個月前加入團隊的新成員，動筆寫作多年來一直想寫的書。這些任務屬於第一章中提到的「必要的」和「有意義的」任務。這些任務和那些「不必要的」與「令人分心的」任務相比（例如開沒有意義的會議、追社群媒體上的動態消息、一再察看有沒有收到新的電子郵件），不難發現哪一種比較有生產力。我們不選定要專注於哪個象限內的任務，就會陷入慣性模式。

不過，這並不是說我們無法以慣性模式「蒙混過關」。密切關注工作可以掌握大部分的最新狀況，可能也得以創造足夠的生產力而不至於丟了飯碗。不過，慣性模式無法讓我們以任何有意義的方式提振事業。公司應該不是付錢請你來當「交通警察」，每天搬移電子郵件、傳遞談話內容或回覆即時訊息就好。這些任務以及回覆其他意想不到的要求確實有必要執行，但是你應該盡可能積極主動地**選擇**該把時間和注意力花在哪裡。

過去幾年研究注意力和目標的過程中，我養成幾項目標設計的慣例，下列是我最喜歡的三種：

1. 三重點法則

如果你已經熟悉我的上一本著作《最有生產力的一年》（*The Productivity Project: Accomplishing More by Managing Your Time, Attention, and Energy*），也許可以迅速略讀這一節。如果你沒讀過，且容我介紹一下「三重點法則」（Rule of 3）：**每天一開始，選擇三項你想在今天結束前完成的任務**。雖然待辦清單很適合詳細記下每天的任務，但這三個空格應該留給每天最重要的三大任務。

將任務分類

如果你還沒把日常任務分類，現在是做四象限矩陣分類的好時機：把每月的日常任務根據有無生產力或吸引力加以分類。關於追求生產力，有一點很諷刺：在辦公室埋頭苦幹幾乎無法提高生產力，因為辦公室裡需要處理的事情實在太多，例如會議、電子郵件或專案的期限等。因此，提高生產力的最佳竅門是先退後一步，抽離那個環境，以便有足夠的思維空間嚴謹思考你該如何以不同的方式工作。這樣一來，你再度投入工作時，可以採用更聰明的做法，而不是一味更加努力工作。分類日常任務就是「退一步檢視」的方法之一。現在正是分類任務的最佳時機，尤其是在開始閱讀下一節之前，而且你只需要花 5 ～ 10 分鐘執行。

幾年前我從微軟的數位轉型長 J・D・邁耶（J. D. Meier）那裡學到這招後，每天早上都會執行這項慣例。「三重點法則」無敵簡單，你只要逼自己每天一開始先選擇三項主要的目標，就可以完成好幾件事。選擇目標時，你是在判斷什麼事情重要，也是在判斷什麼事情**不**重要，這條法則逼你判斷事情的輕重緩急，而且一整天都可以靈活運用。如果今天的行事曆上塞滿會議，這些約定好的行程可能會決定三項目標的範圍。在沒有任何約會的日子裡，你可以把目標設定為完成更重要、沒那麼急迫的任務。萬一突然殺出意想不到的任務和專案，你可以權衡新增的責任和既定目標的輕重。由於這三項目標可以妥善放進注意力空間裡，你依然可以輕鬆想起及記住每天最剛開始設定的任務。

　　切記，一定要把那三項目標放在醒目的地方。我會把它們寫在辦公室的大白板上；出差時，則是放在每日待辦清單的最頂端。我利用 OneNote 在不同裝置上同步更新記錄。如果你跟我一樣，便會發現設定**每週**三大目標與每日三大**個人**目標很有幫助。所謂的個人目標，可以是晚餐時徹底抽離工作、下班後先上健身房再回家，或是蒐集報稅用的收據。

改變目標

在行事曆已經排滿的日子裡，例如必須參加某場會議，你可能無法決定怎麼分配時間和注意力。然而，你可以**改變看待**那些必要行程的方式。例如，與其把目標設成「參與會議討論」，不如改成「在接待酒會上結識五位新朋友」。

2. 最重要的任務

我設定目標的第二項慣例是，思考待辦清單上哪些項目最重要。

如果你習慣列出待辦清單（強烈推薦養成這項習慣，稍後我會談到待辦清單的效用），花點時間思考一下執行每項任務的結果，也就是短期和長期能帶來的成果。清單上最重要的任務，是能夠帶來最大正面影響的任務。

你花時間執行清單上的每一項任務，可以發揮什麼影響力，或是對工作或生活產生什麼影響？哪項任務有骨牌效應，一啟動就可以牽動後續的上百件事，產生連鎖反應，讓你事半功倍？

看待這個問題的另一種方法是：決定任務時，不要只考慮直接結果，也要考慮**第二、三層**的結果。舉例來說，假設你正在考慮點一份漏斗蛋糕（funnel cake，編注：美國常見甜點，使用漏斗將麵糊倒入熱油中製作而成）當餐後甜點，點餐造成的直接結果是你會吃得很開心。但第二、三層結果就沒那麼單純了。第二層結果是，你整個晚上都會有罪惡感；第三層結果是你可能會變胖或打破飲食戒律。

這是一種值得內化的強大概念，尤其最重要的任務通常不是乍看**感覺**最緊迫或最有生產力的任務。在當下，為新進員工寫一份指南，可能不如回覆十幾封電子郵件來得有價值。但是，如果這份指南可以縮減每位新進員工熟悉工作的時間，讓他更快融入公司，也幫他提高生產力，那無疑就是待辦清單上最重要的事情。其他重要的任務可能包括：把經常重複的煩人任務設定為可以自動化，關閉網路連線以便專心為你打造的 app 設計工作流程，建立辦公室師徒制，讓員工可以輕易分享經歷和心得等。

如果你的待辦清單上有很多任務，你需要自問：哪項任務最重要？這個問題和前述的「四種任務矩陣」相輔相成。一旦你把任務分成「必要的」「有意義的」「讓人分心的」「不必要的」之後，應該自問：在必要及有意義的任務中，哪項任務可能引發連鎖反應？

3. 設定每小時的覺察鈴聲

設定每日三大目標及選出最重要的任務，是更用心過每一天、每一週的好方法。但你怎麼確定自己時時刻刻都很用心投入呢？

就生產力來說，這些個別的時刻才是真正衡量績效的時候。如果一整天下來你沒有完成那些任務，再怎麼設定目標也是枉然。確保認真執行目標的方式，是經常檢查占據注意力空間的是那些事物，並且反省是否專注在最重要的事物上，還是已經陷入慣性模式。為此，我設定每小時的覺察鈴聲。

本書有個主題是，當你注意到大腦放空或神遊時，不要對自己太嚴苛。大腦放空是完全正常的反應，你可以把它當成評估當下感受的機會，並決定接下來要做什麼。研究顯示，如果我們懂得獎勵自己覺察大腦放空的狀況，就更有可能儘早發現思緒已經開始遊走。[7] 即使你每天只減少一、兩種干擾，也只設定一、兩項目標，依然可以比多數人做得更好。剛開始運用每小時的覺察鈴聲時，你可能會發現自己通常不是在做重要的事。那也沒關係，甚至是意料中的事。

重點在於你需要經常檢查占據注意力空間的是什麼事。善用手機、智慧型手錶或其他裝置，設定每小時的鈴聲提醒，它很快就會變成一整天下來收到最有助於提高生產力的通知。

鈴聲響起時，請自問下列問題：

• 覺察鈴聲響起時，大腦正好在放空狀態嗎？
• 你是以慣性模式運作，還是在做用心選擇的任務？（看到自己隨著時間經過不斷地進步，很有成就感。）
• 你是否沉浸在有生產力的任務中？如果是，你已經全神貫注多久了？（如果時間很長，別讓覺察鈴聲形成阻礙，繼續專注下去！）
• 此刻最重要的任務是什麼？你正在做那件事嗎？
• 你的注意力空間有多滿？你是否已經把它塞爆，

還是仍然留有餘裕？

• 有什麼干擾因素阻止你全神貫注在工作上嗎？

你不需要回答所有問題，只要挑兩、三個覺得最有幫助的提示，也就是可以幫你再次專注在重要任務的問題。每個小時都這樣自問，就可以改善注意力品質的三項指標：幫你每次專注得更久，因為你覺察到干擾因素即將出現，可以預先積極迴避；你更常注意到大腦放空，可以馬上拉回注意力；久而久之，你會花更多時間用心工作。

你剛開始做這種自我檢查時，可能表現不太理想，常發現自己處於慣性模式、分心狀態，或是花時間在沒必要或分心的任務上。那也沒關係！只要趕快調整，改做比較有生產力的事情，擺脫當下讓你偏離正軌的干擾因素就好了。如果你注意到同樣的干擾經常出現，就想辦法處理它（我們將在下一章討論這件事）。

試著在本週找一個工作日設定每小時的覺察鈴聲。一開始鈴聲響起時確實很煩，但它可以幫你養成一個寶貴的新習慣。如果你不喜歡「覺察鈴聲」的概念，可以在周遭環境設置一些小提醒，提醒你自問「現在占據著注意力空間的是什麼」。我覺得每小時的覺察鈴聲是養成習慣的有效方法，但現在已經不用設定鈴聲，而是在幾個預設的時間點思考自己正在做什麼，例如每次去洗手間、每次離開座位去拿水或泡茶，或是每次電話響起的時候。（電話響過幾聲後，我才會接起來，因為我會趁著接電話前的幾秒鐘，思考當下占據著注意力空間的事物是什麼。）

設定更強大的目標

　　過去幾十年間，彼得‧葛爾維哲（Peter Gollwitzer）一直在研究「目標」，可說是相關領域最知名的貢獻者之一。他最廣為人知的研究，或許是他在目標設定上的開創性研究成果，他不僅研究目標設定的重要性，也研究目標具體化的重要性。雖然我們經常實現模糊的目標，但具體的目標可以大幅提升整體的成功機率。

　　比方說，你今天早上匆忙設定個人目標，列出下列清單：

　　1. 上健身房。

2. 回到家就完全抽離工作。

3. 在合理的時間就寢。

　　我刻意把這些目標寫得很含糊籠統，但是該怎麼把它們改得更具體、更容易堅持下去呢？

　　首先值得思考的是，我設定這些目標時，預設它們能有多大的成效。可以肯定的是，它們比毫無作為更有成效。事實上，葛爾維哲的研究發現，即使是這種模糊的目標，也可以讓成功執行的機率提高 20 ～ 30％。[8] 所以，幸運的話，你也許可以達成清單上的一、兩項目標，那也不錯！

　　然而，設定更具體的目標可以創造出驚人的效果，大幅提高達成目標的機率。[9] 在一項研究中，葛爾維哲和同事薇若妮卡·布朗絲妲特（Veronika Brandstätter）要求受試者為聖誕假期訂定目標以達成一項困難的任務，例如完成學期報告、找一間新公寓，或是化解與伴侶的紛爭。其中有些受試者設定的是模糊目標，其他受試者是設定葛爾維哲所謂的「實踐目標」（implementation intention）。葛爾維哲解釋道：「針對你想要怎樣達成的目標訂定詳盡的計畫。我在研究中主張，目標需要計畫，而且最好包含追求目標的時間、地點和行動類型。」換句話說，如果受試者的模糊目標是「趁聖誕假期找到新公寓」，他的實踐目標可以設成「我會在聖誕節前幾週開始上 Craigslist 找公寓，並寫信聯絡三位房東。」

比較研究中兩組受試者時，情況變得很有趣。設定具體實踐目標的受試者中，有高達 62％的人實現目標。沒有設定具體實踐目標的那組，達成率差很多，僅 22％達成目標，幾乎是另一組的三分之一。後來的研究也進一步證實這種效應，沒想到設定具體的目標竟然可以讓達成機率翻兩倍或三倍。

因此，我們趕緊把剛剛設下的三項模糊目標改成實踐目標：

1.「上健身房」變成「趁午休時間上健身房」。
2.「回到家就完全抽離工作」改為「把工作用的手機調成飛航模式，把工作用的筆電放在另一個房間，整個晚上都不上網」。
3.「在合理時間就寢」改成「把就寢的提醒鈴聲設在晚上十點，鈴聲一響起，就開始準備放鬆下來」。

實踐目標的威力就像習慣一樣強大。啟動習慣時，大腦通常是以慣性模式自動執行剩下的步驟。當你為實踐目標規劃一套執行計畫，只要環境中出現啟動的提示（例如午休時間到、壓力很大地上完一天班後回到家、就寢鈴聲響起），你就會自然而然開始完成目標，幾乎不需要刻意努力就能啟動行動。葛爾維哲和布朗絲妲特表示：「啟動行動變得迅速、有效率、不需要刻意為之。」換句話說，我們開始自動朝著原始目標行動。[10]

　　葛爾維哲告訴我，只要目標足以讓人了解且意識到環境中的提示，不見得一定要非常明確。「我們研究過網球選手，他們會針對球賽中可能出現的問題規劃因應方法。有些網球選手會提到『我被激怒』或『我感到緊張』的情況，雖然他們描述的情境不是很具體或明確，效果依然很好，因為他們具體知道所謂的『緊張』是什麼情況。『具體』代表當事人能夠識別關鍵情況。」

　　設定具體目標時，有兩點值得注意。首先，你必須真的很在乎那項目標。如果目標對你不是特別重要，或者就放棄了，效果也會大打折扣。如果 1990 年代你的目標是蒐集全世界最多的菲比小精靈（Furby），如今達成那項目標的動力可能會小很多。

第二，容易實現的目標不需要那麼具體。相較於追求簡單目標的時機，事先決定何時投入艱難的任務比較重要。[11]如果你的目標是週末至少上健身房一次，不需要明確提到去健身房的時間點。然而，如果你想完成挑戰性更高的任務，例如週六上餐館不要點甜點，就必須設定更明確的目標。如果你事先規劃，看到甜點菜單時客氣地婉拒，改點無咖啡因的咖啡，自然可以把模糊的目標變得更明確。像這樣的附加限制很適合套用於家庭生活的目標，但週一進辦公室後，你可能需要設定比較深思熟慮的目標。葛爾維哲補充提到：「當目標很困難、很多或難以全部實現時，事先規劃的效果特別好。」

啟動極度專注力模式

　　下一章的重點，是控制那些難免會破壞極度專注力模式的外部和內部干擾。然而，討論那些干擾前，我想提供一些簡單的方法，幫你全神貫注在目標上。當你學會事先控制工作中的干擾，這幾招會變得無比強大。

　　我們先探討如何專注，接著再討論何時這樣做。下列兩種概念都很簡單。先說明如何進入極度專注模式：

- 先「試探自己」想專注多久。自問你對極度專注力模式有多大的抗拒，尤其當你打算投入很難、有挫折或毫無組織的任務的時候。舉個例子，你可以自問：「我覺得專注 1 個小時沒問題吧？不可能。45 分鐘呢？比較好，但還是不行。30 分鐘呢？可以，但還是覺得⋯⋯好吧，25 分鐘呢？應該可以吧。」久而久之，當你可以持續拉長專注的時間時，會覺得很有成就感。你可以逼自己挑戰，但不要太嚴苛。我開始練習極度專注力模式時，是從一次專注 15 分鐘開始，每專注 15 分鐘，就休息 5 ～ 15 分鐘。整天處於極度專注力模式很辛苦，中間穿插一些令人分心的刺激性活動可以調劑一下，尤其是一開始練習的時候。但是不久，你就會習慣減少過程中的分心活動。

- 預先設想可能遇到的阻礙。如果我早就知道未來幾天會很忙，當週一開始就會先在行事曆裡排入「極度專注力模式」的時間，週間排進數個「極度專注力模式」的時段，用來把注意力投入重要的任務。如此一來，便能確保我會騰出時間進入狀況，而不是被臨時冒出的任務搞得焦頭爛額，忙得團團轉。當同事和助理知道我的規劃，自然不會在那些時段幫我預定任何行程。這樣做也提醒我，已經下定決心要專注完成任務。面臨類似的忙碌期時，花幾分鐘提早規劃可以避免浪費幾個小時的生產力。

- **設定計時器**。我常用手機計時。由於手機也是干擾的來源，拿來當計時器似乎很諷刺。如果手機干擾是導致你分心的黑洞，可以把它改成飛航模式，或是改用手錶或其他計時器。

- **極度專注！**注意到大腦放空或開始分心時，就把注意力拉回目標上。還是要再次強調，發生這種情況時，不要對自己太嚴苛，因為分心是人之常情。計時器響起時，如果你想繼續專注下去（有時你正做得起勁），就不要停下來。

以上是進入極度專注力模式的「方法」。至於「何時」該進入極度專注力模式，我覺得可行的幾項建議如下。

- **任何時間都可以！**當然，我們需要時間處理小事，但你愈常處於極度專注力模式愈好。一週當中，你應該在工作許可的範圍內，盡量多排幾個「極度專注力模式」的時段，並且在個人能接受的範圍內，把每段時間拉得愈長愈好。一次只做一件有意義的事最有生產力，也最快樂，所以沒有理由不盡量多花點時間在這個模式中。每次你遇到重要的任務或專案，又有一個時段可以拿來運用，一定要好好把握機會進入極度專注力模式。否則一旦錯失良機，也會失去很多生產力。當然，基於工作性質的不同，有時我們需要經常團隊合作，自然必須配合同事的時間。但是，當你進行只有你能做的任務時，那就是進入極度專注力模式的最佳時機。

- **避開工作限制。**多數人沒辦法隨心所欲隨時進入極度專注力模式。生產力往往是了解個人局限的過程。多數的日子裡，我們可以找到機會進入極度專注力模式。但是，有些日子真的完全找不到時間專注，尤其是出差、參加外部大會，或是整天排滿累人的會議。你一定要考慮到時間和精力的限制，規劃一週的行事曆時，也應該盡量想辦法避開那些障礙。

- **需要處理複雜任務的時候。**我剛開始練習極度專注力模式時，是事先在行事曆中排幾個時段，但現在只要處理複雜的任務或專案，就會自然進入狀況，得以全神貫注在工作上。如果只是查看電子郵件，我不會刻意進入極度專注力模式。但如果是寫作、規劃演講或參加重要會議，我總是以極度專注力模式投入。

- **根據你對任務的排斥而定。**你愈討厭某項任務或專案時，事先排除干擾愈重要。面對那些你覺得無聊、沮喪、困難、模糊不清、毫無架構或沒有成就感或意義的任務時，你最容易陷入拖拖拉拉的狀態。[12] 事實上，你回想一下正在拖延的任務，它們很可能具備上述的多種特質。任務愈惹人厭，愈需要以極度專注力模式處理，才能用心完成。

培養注意力

接下來幾個章節中，我會提供一些培養注意力的妙方。你會發現，極度專注的能力取決於幾項因素，而且都會影響注意力的品質：

- 你多常尋找新奇的關注焦點？（這通常是我們一開始抗拒極度專注力模式的原因。）
- 你多常習慣性塞爆注意力空間？
- 令人分心的事物及干擾多常打斷你的注意力？
- 你腦子裡塞了多少任務、約定、想法或其他未解決的問題。
- 你多常練習「覺察意識」（多常檢查當下占據注意力空間的事物）。

往後的章節會討論到，心情和飲食也會影響專注力，因此每個人進入極度專注力模式的起點不同。

諷刺的是，我剛開始探索管理注意力的相關研究時，總是專注幾分鐘就分心。當我們持續尋找新奇的關注焦點，又身處容易令人分心的工作環境時，就很容易出現這種情況。

我親身實驗那些研究的過程中，逐漸拉長每次進入極度專注力模式的時間，後來已經習慣在較少干擾的環境下工作。你現在看到的句子，是我進入聚焦模式近 45 分鐘的時候寫下的，這也是今天第三個極度專注力模式的時段。這些時段讓我利用約兩小時的時間寫下 2,286 字。（這是撰寫生產力相關書籍的有趣活動之一：你可以運用書中的技巧寫作，藉此驗證那些技巧是否真的有效。）第三個極度專注力模式時段也是今天的最後一段，我趁每個時段之間的空檔處理電子郵件、查看社群媒體，以及和一、兩位同事短暫交談。

　　但是，在極度專注力模式當下，不該做那些事情。專注做一件事（寫下這些文字），讓我在過去的 45 分鐘特別有生產力。你也可以試試看。

抑制干擾

40 秒的注意力

我撰寫這本書的過程中，有幸與葛洛麗亞‧瑪克（Gloria Mark）和瑪麗‧切爾文斯基（Mary Czerwinski）這兩位出色的專家交談。瑪克是加州大學爾灣分校資工系教授，也是注意力及多工作業領域全球最頂尖的專家。她與 NASA、波音（Boeing）、英特爾（Intel）、IBM 與微軟（Microsoft）等公司合作，進行許多注意力的研究。切爾文斯基是微軟的首席研究員，也是人機互動方面的卓越研究者。*她的研究與我們之間的對談內容構成本章的主要篇幅。這兩位科學家聯手完

---

* 微軟從事的研究數量出奇的多。撰寫本書之際，微軟雇用超過
   2,000 位人員全職投入研究及發表研究。

成數十項研究，探索我們與科技之間的日常關係。

　　她們的研究之中我最感興趣的部分，是她們專精的「臨場」（in situ）研究：在真實職場上對真正的勞工進行研究。他們為了衡量受試者在多工作業或處理電子郵件後的壓力有多大，要求受試者 24 小時佩戴著追蹤器，記錄心跳變化，這是經科學驗證的壓力測量法。此外，他們也取得受試者的許可，在他們的電腦上安裝記錄程式，以追蹤他們在不同的任務之間切換的頻率，結果發現，他們平均每 40 秒就切換任務。更令人驚訝的是，開啟即時通訊程式時，我們自己打斷工作的頻率更高，每 **35 秒**就打斷一次。

　　她們的研究之所以值得關注，有幾個原因。首先，臨場研究比一般研究更難進行。例如，瑪克花了**六年**才找到一家公司，願意讓她研究員工一週不使用電子郵件的效果。然而，這種研究方式特別值得採用，她解釋：「相較於把受試者帶進實驗室，設置模擬現實世界的人造情境，現在研究者是**進入**實務環境，觀察實際的運作方式。」

　　第二，她們的研究值得關注，是因為那些研究充滿開創性。她們做過的研究中，我最愛的就是那個「每 40 秒切換任務」的研究。[1]我們常常不知不覺從沉浸在高生產力任務分心，改去做一些無關緊要的瑣事。例如，本來正與朋友深談，卻突然停下來查看手機；把該寫的報告擱在一邊，開始跟別人在線上閒聊；無緣無故放下手邊的 Excel 試算表，去找辦公室的同事鬼混。

她們做的另一項研究顯示，我們每一個工作天平均會在電腦應用程式之間切換 **566 次**。這個數字包括與工作本身無關的干擾，例如，我們平均每天查看臉書 21 次。（這個平均值涵蓋研究中每位受試者的數值，然而其中有些人根本不上臉書，所以，如果只算每天至少上一次臉書的人，平均值會突然飆升為 38 次，幾乎是原本的兩倍。）[2]

這些干擾顯然形成影響，導致我們無法在工作上進入極度專注力模式。於是，我們以瘋狂的速度工作來彌補流失的生產力，結果也影響到產出的品質，使我們倍感壓力。[3] 或許最重要的是，我們因此無法掌控及用心地管理注意力。

如果外來的干擾和目前投入的專案有關，對生產力的影響比較沒那麼嚴重。例如，某人寄給我們的電子郵件與當下正在寫的報告有關，那麼要重新集中注意力就比較容易。但我們很少只處理一件事情，平均而言，我們常有十件待辦事項需要處理。[4]

如果你和同事正密切合作處理某件案子，而且進度很緊迫，這時可能值得開啟電子郵件及簡訊通知。但是，外來的干擾若與當下的工作無關，此時中斷工作所產生的代價很大。一旦思緒被打斷，平均需要**25分鐘**才能重新投入工作。而且，重新投入工作前，我們平均會額外執行 2.26 項其他任務。我們不只是單純分心或受到干擾，然後又直接恢復工作，而是在恢復工作以前，先經歷過**第二次**的分心狀態。[*][5]

一旦意識到你多常打斷自己的工作，就很難以同樣的方式做事了，所以妥善管理注意力空間相當重要。只要事先排除干擾，就可以大幅拉長專注的時間。[†]

---

* 40歲以後，分心的代價更高昂。隨著年齡增長，注意力空間會縮小，使人更難恢復專注，重回正軌。[6]不過，令人驚訝的是，儘管年紀愈大，注意力空間愈小，但大腦放空的頻率反而減少。因為年紀愈大，腦中處理資訊的系統逐漸縮小，因此我們比較不會被接踵而來的干擾因素所吸引。[7]

† 注意力研究中常出現一個問題：在多工作業方面，女性和男性有何差異？整體來說，女性比較少受到干擾，也比較不會打斷自己的思緒，可以一次專注在較多事物上。相較於男性，女性在職場上也比較快樂及投入。[8]

爲什麼我們容易分心？

我們之所以容易分心，有一個簡單的原因。儘管我們知道分心導致生產力低落，但是當下令我們分心的事物比手邊的工作更有吸引力。當大腦對任務稍微產生抗拒感時，就會去尋找更有吸引力的事情。

你放任大腦自由運作幾秒後，就會發現它自然而然被比較有魅力（但通常不太重要）的關注焦點吸引，拋下原本該專注的工作。

現在我們連上個洗手間，也會不自覺做一些事情分散注意力。我是真的很想知道，這些年來我們上廁所的時間是否愈來愈長？我敢打賭，自從我們隨身攜帶智慧型手機後，待在廁所裡的時間至少增加了一倍。‡

大腦先天偏好新奇的事物，再加上每當我們點進常造訪的網站和 app，它們都會提供盲目無謂的刺激和肯定，導致我們更容易受到干擾因素的吸引。每次打開推特，可能都會有一些通知等著你開啟（例如誰分享了你的推文、誰剛追蹤你等等）。你已經知道只要輕輕一點

---

‡ 智慧型手機問世以來，什麼東西**減少**了？答案是口香糖的銷量。2007 年 iPhone 問世以來，口香糖的銷量暴跌 17%。[9]當然，相關性不見得互為因果關係，但這個現象確實讓人感到好奇。

擊，就會得到小小的肯定，但是一整天下來，要忍住查看通知的衝動實在不容易。就算沒有訊息等著你，光是覺得**搞不好**有訊息，就會吸引你點進去。幾年前我就是因為這個原因，才乾脆刪除了臉書帳號。

我現在是在單一視窗上打字，但我知道不久之後可能會再開一個視窗而分心好幾個小時。寫作對我來說是一項困難的任務，所以大腦會有抗拒感。我喜歡寫作的成果，但過程中需要的注意力和精力，遠比查看社群媒體、回覆電子郵件或瀏覽新聞來得更多。若不提前排除電腦上令人分心的事物，生產力往往會大受影響。

為了做個小實驗，我今天早上刻意不阻擋電腦上的任何干擾。我放任自己想做什麼就做什麼，於是我有整整 30 分鐘在那些誘人的網站上不斷地切換。我回頭檢視這 30 分鐘的瀏覽記錄時，發現我造訪以下幾個地方：

- 推特。
- Reddit（具體來講，是「機械鍵盤」的討論版）。
- 數個新聞網站，包括 Feedly、《紐約時報》（*The New York Times*）、CNN、The Verge、

MacRumors。

- 第二個推特帳號。
- 電子郵件（我有三個電子郵件帳號，每個帳號都
  檢查了一、兩次）。
- 我第一本著作的 Amazon 產品頁面，看那本書賣
  得怎樣，有沒有新的讀者書評。

同樣值得注意的是，我是在冥想 25 分鐘後才連上
這些網站。冥想這個慣例通常可以讓我帶著更多意圖去
做事。當你抗拒工作時，可能也有一份吸引你分心的網
站和 app 清單。*

光看前述實例，就足以推翻下列迷思：身為生產力
專家，想必有超人般的自制力。其實，我**只是**比較擅長
提前管控衝動而已。當你決定好要專注多久，排除干擾
是進入極度專注力模式的第二個步驟。要專心做一件事
之前先排除干擾，可以收到事半功倍的效果，因為沒有
干擾因素爭奪注意力時，重要任務自然會占據你的注意

---

* 奇怪的是，最容易吸引你的干擾因素會因你正在做的事情而改
　變。進行死板的工作時，更有可能上臉書或是找同事面對面閒
　聊；專注於比較複雜的工作時，更有可能查看電子郵件。[10]

力空間。既然令人分心的事物可能經常破壞生產力，提前排除它們非常重要，不要等到後來才不得不動用寶貴的意志力抵抗誘惑。

四種令人分心的事物

在第一章中，我介紹過四種工作任務：有生產力的任務是必要的或有意義的；沒生產力的任務則是不必要或令人分心的。本節中，我們主要是討論令人分心的任務，它們雖然有趣，但毫無成效。

我把「令人分心的事物」定義成可以吸引我們偏離目標的事物。在這方面，分心和干擾差不多是同一回事，因為它們都使我們偏離想要完成的目標。有些干擾是必要的，例如收到一則資訊剛好和你當下做的工作有關。但是，大多數的干擾值得事先排除。

如果我們把焦點拉回第一章的「讓人分心的任務」，然後深入探究這類工作，它還可以根據兩項標準再進一步細分：我們能否控制它；我們覺得它很煩、還是很有趣。

你把工作按第一章的矩陣分成四類後，接著把「讓人分心的任務」那一格進一步根據下列矩陣表格分為四類。矩陣表格裡可以填入很多東西，你應該不分干擾因素大小，寫下所有令你偏離當下目標的事物。你也應該涵蓋與工作無關的干擾，例如工作時瀏覽的新聞及社群媒體網站。你閱讀這本書時，我不會要求你做很多練習，但我真的把練習納入書中，那絕對是有原因的。（我已經把這兩張矩陣圖的可列印版本上傳到本書網站：hyperfocus.com。）

四種令人分心／干擾的事物

	煩人	有趣
無法掌控		
可以掌控		

為了說明填滿的矩陣長什麼樣子，下列是一整天下來讓我偏離目標的典型干擾因素：

四種令人分心／干擾的事物

	煩人	有趣
無法掌控	- 辦公室的訪客 - 吵鬧的同事 - 會議	- 團隊共進午餐 - 伴侶打電話來 - 茶水間的對話
可以掌控	- 電子郵件 - 手機通知 - 會議	- 新聞網站 - 社群媒體帳號 - 即時通訊帳號

我們從最上面兩格開始談起：如何處理無法掌控的干擾和令人分心的事物。

這些有兩個來源：自己和其他人，兩者都應該提前處理。我們無法阻止所有令人分心的事情發生，即使關上辦公室的門，想要極度專注工作兩個小時，還是可能接到電話或偶爾有人來敲門。很多干擾可以避免，但也有很多干擾無法避免，至少在不付出巨大的社會代價下難以避免。然而，研究顯示，我們打斷自己的次數和別人打斷我們的次數一樣多。* 如瑪克所言：「如果只注意

---

* 但如果你是經理或團隊領導人，情況就不同了，60％的干擾是來自其他人。[11]

如何擺脫外部干擾，其實只解決一半的問題。」

其他人的干擾所造成的傷害，還不及自己造成的干擾。我們打斷自己的工作後，平均要花 29 分鐘才能再次投入工作。相較之下，如果是別人打斷我們的工作，我們平均只要花 23 分鐘就能再次投入工作，比前者快了約 6 分鐘。[12] 然而，不論是 29 分鐘或 23 分鐘，我們依然失去很多生產力。所以，經常檢查占據注意力空間的事物才會如此重要。我們一察覺到干擾因素導致心思飄離時，就會減少浪費時間在那些令人分心的任務上，更快回到正軌。[13]

雖然我們無法阻止干擾產生，但可以掌控對干擾的反應。面對那些煩人事情（例如辦公室的訪客、吵鬧的同事、不必要的會議），我們無法阻止它搶占注意力空間，最好的因應之道是心中謹記著原始目標，盡快把注意力拉回來。

面對**有趣**但無法掌控的干擾因素時，我們也應該更用心應對。在本書建議的技巧中，這也是我最難掌握的一項。我往往會像拚命三郎一樣想要完成目標，以致於受到干擾會大發脾氣，即使干擾因素再怎麼有趣也一樣。不過，我後來發現，因應這種愉悅又無法控制的干擾時（例如團隊共進午餐、忙到一半時家人打電話來），最好的做法是努力接納它，讓自己好好**享受**，但結束時盡快回歸正軌。為了無法掌控的事情而煩惱根本是浪費時間、精力和注意力。我逐漸學會把那些干擾視為放鬆的訊號，欣然接納那些會影響生產力的事物帶來的樂趣，同時經常回想最初的目標，以便有機會從干擾中抽離時，馬上回歸正軌。

進入無干擾模式

多數令人分心的事物屬於我們**可以**掌控的類別，所以應該事先排除。

四種令人分心／干擾的事物

	煩人	有趣
無法掌控	處理後， 就回歸正軌	好好享受！
可以掌控	提早處理	

久而久之，我養成兩種工作模式：

1. 「無干擾」模式：每次我想要極度專注時，就會進入這個模式。
2. 「干擾減量」的一般工作模式：在干擾因素的數量受到控管的環境下工作。

一天當中，我們會切換兩種類型的工作：專注工作及協作工作。專注工作在全神貫注下進行，效果最好，因為干擾愈少，愈能專注，生產力也愈高。如同作家卡爾‧紐波特（Cal Newport）所說，這樣做可以讓我們進行「深度工作」（deep work）。

相反地，協作工作需要與人互動並且隨時待命。你和團隊成員的配合度愈好，整個團隊的生產力愈高。投入協作工作時，最好進入干擾減量的模式。在這種模式中，你已經掌控最大的分心因素，但隊友需要你時，你仍然可以馬上出手幫忙。

讓我們先從比較強大的「無干擾」模式談起。

創造無干擾模式可以讓你提前消除幾乎所有可控制的干擾，以便全神貫注在最重要的任務上。**移除所有可**

了解你的工作比重

工作中專注工作與協作工作各自的比例，取決於你的職業。如果你是行政助理，工作可能包含90%的協作工作和10%的專注工作。如果你是作家，工作可能包含90%的專注工作和10%的協作工作。你可以自問：我的工作比重大致上怎麼分配？

能比你的目標更刺激、更有魅力的關注焦點，這樣一來，大腦就別無選擇，只能專注在那個目標上。

我寫下這些文字時，就是處於無干擾模式。為了進入這種模式，我……

- 啟動防止分心的電腦應用程式，能阻止我造訪有損工作生產力的網站，例如電子郵件、社群媒體、Amazon，以及被我列入黑名單的應用程式和網站。我會先設定想要進入極度專注力模式的時間，在這段期間內，如果我想造訪黑名單上的網站，就必須重新啟動電腦。由於我的工作大多是在電腦上進行，以重啟電腦來阻止我分心，無疑是最重要的措施。我也會把電腦設成「勿擾」模式，以避免任何推播通知的干擾。

- 把手機調成「勿擾」模式，並且放在視線之外或另一個房間。這樣一來，我就可以抑制忍不住想查看手機的衝動。
- 如果我不打算在接下來的 10 小時內睡覺，就會喝一杯咖啡。（咖啡因平均需要 8 ～ 14 個小時才能從體內代謝出去。）[14]
- 戴上抗噪耳機，以免受到周遭聲音的干擾。我在辦公室或出差住飯店時不常戴耳機，但是在飛機上或咖啡廳裡極度專注在工作上時，一定會這樣做。

一天中，哪些干擾因素會影響你的工作生產力？其中有多少可以用阻隔干擾的應用程式或其他方法同時擋掉？請效法我的做法列一份簡略的清單，那可以指引你提早處理那些令人分心的事物。

當你發現注意力偏離時，請仔細想想是什麼事物導致你分心，這樣一來，下次就可以先隔絕類似的干擾因素。舉例來說，我在無干擾模式下被某個新網站或應用程式吸引而分心時，會立即把它加入攔截的黑名單。

這裡有更多營造無干擾模式的建議：

- **很多應用程式可以幫你隔絕干擾。**我最喜歡的幾款電腦程式是 Freedom（付費軟體，但有免費的試用版。Windows 系統、Mac 電腦、iPhone 和 iPad 皆可使用）、Cold Turkey（免費軟體，但也有付費版。Windows 系統、Mac 電腦、Android 系統皆可使用）、RescueTime（付費軟體，但有免費的試用版。PC 電腦、Mac 電腦、Android 系統、Linux 系統皆可用）。這些軟體的專業版每個月大多只需要付幾美元，但因此提高的生產力很快就能回本。研究也證實這些應用程式的效果：使用這類阻擋軟體的人，工作生產力比較高，專注工作的時間更長。[15]

- **如果公司的裝置限制你安裝這類應用程式或外掛，**可以考慮拔掉網路線，或完全關閉電腦的

WiFi。這招聽起來很極端，但我們花太多時間上網，拖延該執行的任務了。

• **離開辦公室。**如果你是在比較彈性的辦公環境工作，也許可以把樓下咖啡廳或是去會議室工作也納入無干擾模式中。

• **考慮周全，不要低估（或高估）無干擾模式的社交代價。**考慮一下把同事隔絕在外的影響，尤其是當你的工作環境比較重視社交的情況。同時，也不要**高估**社交代價。關閉電子郵件程式 30 分鐘可能會讓你內疚，但別忘了，當你在開會時，客戶和同事通常得等一、兩個小時才能收到回信。我一再告誡自己，同事通常不像我所想的那麼迫切地需要我。

• **獎勵自己。**每次全神貫注一段時間後，我會抽離無干擾模式，偶爾隨意接收各種令人分心的誘惑作為犒賞。研究顯示，你的個性愈衝動，阻擋那些令人分心的事物時，會覺得壓力更大。[16] 如果

天生的干擾因素

我們才剛開始了解自覺、神經質、衝動等特質如何互相影響進而共同決定我們有多容易分心，這些特質也決定你使用阻擋軟體可能造成多大的壓力。如果你啟動阻擋軟體時，發現自己變得焦躁不安，也許可以在處理特別麻煩的任務或精神不濟時（因此比較難抵抗干擾因素的誘惑）[17]，才啟動阻擋軟體。

你真的自制力薄弱或衝動行事，偶爾放任自己接收各種干擾還是有益。（小提醒：「衝動」也是與「拖延」最密切相關的性格特質。[18]）我從休息狀態回歸無干擾狀態時，會先好好享用一杯抹茶或咖啡，那可以讓我稍後變得更專注。

• **為團隊創造無干擾模式**。《人本獲利世代》（*People Over Profit*）的作者戴爾・帕崔（Dale Partridge）擔任 Sevenly 公司執行長時，甚至為每一位團隊成員配備檯燈及水槍，以鼓勵他們專注在工作上。他解釋：「我以前在 Sevenly 做過最聰明的一件事，是為整個團隊訂製胡桃木檯燈。他們想集中注意力時，就會打開檯燈。我們訂下的規矩是，不能干擾開燈的人。全體員工共 45 人，每個人每天最多都可以獲得 3 小時不受干擾的專注時間。專注時間需要設限，因為不受干擾的時間會讓人上癮！我也給每位員工一把水槍，當他們受到干擾時，就可以拿水槍反擊。」

無干擾模式的強度取決於你的工作環境。如果你是自由工作者或擁有獨立且有門的辦公室，有比較大的彈性可以排除干擾。然而，如果你身處開放式的辦公環境，你建立的無干擾模式可能不如想像般強大。生產力是了解並且配合限制調整的過程。

每次我進入無干擾模式，總是有一種奇特又美好的解脫感，我想你也會有同感。突然間，你不再需要關注新聞、社群媒體或沒完沒了的電子郵件。你可以放鬆，再也不會浪費時間和精力在無謂的繁忙工作上。你得以長時間極度專注，完成有意義的工作。你知道，由於你把時間、注意力、精力投注在單一任務上，自然可以放慢步調，更用心於工作。

　　無干擾模式也可以幫你節省精力。排除干擾後，你的精力會更加旺盛持久，可以工作久一點再休息。提前排除干擾，就不需要費神自律了。[19] 我們愈不需要約束自己的行為時（因為不必對抗干擾，或不需要應付難搞的同事），工作可以帶來更多能量。同理，休息也能補充活力，因為那是我們暫時停止自我約束的空檔。你可能會發現，即使只打算進入極度專注力模式一小段時間，但結束任務後，仍有精力持續下去。

　　放完假或過完連假週末後，特別需要進入這種無干擾模式，因為剛收假時精力較少，容易分心。當你逐漸恢復平日工作的步調時，提前排除干擾因素可以幫你提升精力。

干擾減量模式

　　我們不可能永遠處於極度專注的模式，所以也該學習體會干擾減量的效益。想了解哪些干擾值得排除，你應該自問：一天之中哪些干擾不值得你流失 20 分鐘或更久的生產力？你可能無法完全阻擋那些干擾，甚至不想完全排除那些干擾，但究竟是什麼東西打斷工作，確實是值得你深思的問題。

電子郵件是很好的例子，它令人分心，但又很重要，你不能完全消除它。電子郵件是一頭特別難纏的怪獸，它消耗的注意力遠多於時間。（會議則正好相反，會議消耗的時間通常多於注意力。）刪除電子郵件顯然不切實際，但你可以更審慎地選擇查看訊息的時間，這樣做可以讓你重新掌控注意力。你打開來信通知，就是允許同事隨時打斷你的注意力，因為你收到來信通知時，馬上就分心了。提前決定何時查看電子郵件，表示你掌控自己的注意力，避免落入慣性模式。

設定特定的時段處理那些令你分心的事情（例如電子郵件、會議、智慧型手機或社群媒體等），這樣做等於把它們從令人分心的事物，轉變成工作與生活中有意義的事情。科技的存在應該是為了給我們方便，而不是為了方便別人打擾我們。一天之中有無數事物爭奪我們的注意力，我從中選出五種最常見的痛點：不斷湧入的通知、智慧型手機（及其他分散注意力的裝置）、電子郵件、會議與網路。

通知

　　我曾經建議打開電子裝置的「通知」設定頁面，關閉那些對你的生活毫無助益的語音和震動通知。如果你放任那些程式採用預設的通知模式，就會不斷收到打擾工作的訊息。限制某些 app 只能在某一個裝置上打擾你也有助益，你沒必要讓手機、平板電腦、智慧型手錶和電腦都各自通知你服飾店寄來一封電子郵件，告知顧客他們最近在打折。

　　關閉語音和震動通知只是簡單的改變，但實務上影響深遠。突然間，你能夠決定手機何時才可以打擾你，而不是放任手機決定何時要打擾你。我只有查看手機時鐘時，才會順便看一下新的簡訊和通知。

　　每則通知都會讓你偏離目標，提醒你已錯過整個數位世界的進展。那些通知充滿騙局，雖然瞄一眼只需要一秒，但你只要瞄一眼，就會不自覺掉進數位黑洞，很容易就失去半個小時的時間和注意力。很少通知值得你為它浪費那麼多生產力。

　　但是，話又說回來，有些通知確實值得接收，例如電話。我每天只檢查電子郵件一次（我之後會說明），但是如果正在等候重要的訊息，通常會只為一位寄件者打開通知。這樣做需要一、兩分鐘的時間，但因此能更專注，可以輕易把那些分心的時間彌補回來。而且，我因此不必每隔幾分鐘就神經兮兮檢查一下收件匣。多數電子郵件軟體可以設定只接收一群「VIP 寄送者」的來信通知，讓你決定誰有權隨時打斷你。

　　除了處理個別通知以外，你也可以阻止 app **何時**干擾你。我最喜歡的例行公事是，晚上八點到隔天早上八點之間，把手機和其他裝置調成飛航模式。這段期間是我精力最差、最容易分心的時候。此外，研究也顯示，早點結束一天的活動，盡快就寢，比較不會一心多用。[20] 如果你覺得調成飛航模式太過頭，可以考慮在工作時啟動手機的「勿擾」模式。

智慧型手機（和其他裝置）

　　除了管理電子裝置的推播通知以外，我們也需要用心考慮何時、何地、多常使用這些裝置。

　　手機可能是最刺激、最新奇的關注焦點，你難免會受到吸引，尤其當下投入的任務變得更複雜或令人望而生畏的時候。最近幾年，我逐漸改變和手機的關係，不再把它視為應該隨身攜帶的裝置，而是視為更煩人的強大電腦。撇開手機的電磁波不談，手機和電腦的基本配備一樣，但基於某種原因，或許是因為它們一整天不間斷地提供刺激和肯定，我們允許手機打斷注意力的頻率遠遠超過電腦。我們不該賦予任何會發光的長方形裝置那麼大的權力。

智慧型手機開始被我視為更容易令人分心的電腦後，我就把它移到筆電的收納包中。最重要的是，每次我要查看手機以前，會先確定有個好理由。這種態度的轉變使我能夠戒除慣性使用手機的惡習，有目的地使用手機。每次你不自覺掏出手機時，也無緣無故分散掉注意力。

下列技巧能防止手機（和其他裝置）占用你的生活：

• **注意空檔**。在超市排隊結帳、走路去咖啡店的途中，或在排隊等候使用洗手間時，要抗拒滑手機的衝動。利用這些小空檔思考最近進行的任務，養精蓄銳，或是思考工作和生活的其他方式。這種情況下，不值得盲目滑手機，占用你寶貴的時間。

- **交換手機**。與好友或伴侶聚在一起吃飯或玩樂時，可以彼此交換手機。如此一來，即使你需要查資料、打電話或拍照，還是有手機可用，又不會掉入令人分心的個人世界裡。

- **適時開啟飛航模式**。投入重要任務或是與人喝咖啡時，請把手機調成飛航模式。想要與人分享優質的時間，勢必需要全神貫注。啟用飛航模式跟只把手機放在口袋裡的差別很大。因為手機放在口袋時，你依然知道那些通知和干擾正持續累積，等著你處理。飛航模式則完全消除通知會打擾工作的可能性，讓你可以之後再用自己的方式處理那些通知。

- **購買第二台「分心」裝置**。這個建議聽起來可能有點蠢，但我最近買了一台 iPad，只為了一個用途：純粹當成分心裝置。我的手機上幾乎沒有社群媒體的 app（也沒有電子郵件 app），而是改用 iPad 處理所有令人分心的事物。把這些任務都移到 iPad 上，再把它擺在另一個房間，讓我在確實需要把手機放在身邊時，可以專注得更久、更深入。只為了這個目的而買一台平板電腦是一筆很大的投資，但是為了捍衛注意力，這筆投資相當值得。

- **建立「放空」資料夾。** 把最讓你分心的 app（讓你陷入慣性模式的 app）都放進手機或平板的資料夾，並命名為「放空」（mindless），正好可以提醒你點進去是為了消遣。

- **刪除 app。** 瀏覽手機，刪除那些害你浪費太多時間和注意力的 app，包括社群媒體和新聞 app。刪掉後，你會感覺出奇地神清氣爽，就像為手機做大掃除一樣。思考哪些手機 app 和其他裝置上的 app 功能有所重疊，例如平板電腦上也有電子郵件 app，手機上就不需要放。如果在電腦上可以查到投資動態，就沒必要在手機上放投資 app，以免你一直想點進去看。

過去 30 年間，愈來愈多電子裝置潛入我們的生活。以我為例，10幾年前，第一台筆電開始潛入我的生活。後來我買了一支陽春手機，接著又換成更令人分心的智慧型手機。最後，又買下 iPad 和健身追蹤器，我相信未來會出現更多電子裝置。

這也說明我們愈來愈常遇到一種陷阱：未先質疑新裝置帶來的價值，就把它帶入生活中。哈佛商學院教授克雷頓・克里斯汀生（Clayton Christensen）開發出一套實用方法，用來評估生活中的裝置：先問你「採用」那項裝置的「用途」。我們購買的任何產品，都應該為我們提供「用途」，例如面紙的用途是擤鼻涕；叫 Uber是為了從一地移動到另一地；利用 OpenTable 是為了餐廳訂位；打開 Matcho.com 是為了尋找伴侶。

手機的「用途」很多，可能比我們擁有的任何產品還多。我們把手機當成鬧鐘、相機、手錶、GPS 導航器、電玩裝置、電子郵件和即時通訊裝置、登機證、音樂播放器、隨身聽、地鐵通行證、行事曆以及地圖等。這也難怪我們花那麼多時間在手機上。

隨著累積的裝置愈來愈多，各個裝置重複的用途日益增加。如今，我另外買一台平板電腦，就是為了純粹拿來消遣。如果我不刻意分開用途，可能會拿平板做很多手機及電腦做的事情（例如上網及使用社群媒體），但是那完全沒有必要。

最近，我也因為同樣的原因而不再使用健身追蹤器。剛開始使用追蹤器時很有趣，但我已經不記得當初是為了什麼而要用它。幾年前，由於類似的原因，我從生活中移除電視機，也停止訂閱有線電視，Netflix 成為我的被動的消遣工具（passive enteertainment）首選。

在添購新裝置以前，先自問：我為什麼需要這個裝置？既有的裝置無法提供相同用途嗎？如此思考可以逼你評估為什麼你真的需要擁有新裝置。而且或許更重要的是，可以幫你把真正有意義的裝置帶入生活中。

電子郵件

身處知識經濟中，電子郵件是我們每天面臨的一大干擾，通常也是我訪問及指導的人所面臨的最大痛點（其次是開會）。

掌控電子郵件的最佳訣竅，是限制收到的來信通知數量，並降低遭到打斷的頻率。64％的人使用聽覺或視覺通知，提醒他們收到了新郵件。如果你也是如此，可能就花太多時間和注意力在電子郵件上。[21]

除了限制來信通知外，我最喜歡使用下面這十種電子郵件使用技巧，這可以幫你更用心使用電子郵件，限制你花費的時間和注意力。其中許多技巧也適用於其他即時通訊程式上，比如 Slack。

- **你有時間、注意力和精力去處理任何可能發生的事情，才去查看新訊息。** 這是一個簡單的觸動機制，讓你確保有餘力處理新訊息，不會因為必須回應新訊息而倍感壓力。

- **追蹤一天查看幾次訊息。** 一般知識工作者平均**每小時**查看電子郵件 11 次，一天下來總計查看 88 次。[22] 工作中被打斷那麼多次，很難真正完成什麼工作。同樣的研究也發現，員工每天平均花在電子郵件上的時間僅 35 分鐘，這表示電子郵件吸引的注意力比實際占用的時間還多。當你發現自己檢查新訊息的頻率多高，就會想要減少查看的次數，因為中斷工作的代價太大了。

- **事先決定何時查看電子郵件。** 事先決定何時查看電子郵件，可以大幅減少打開應用程式的次數。70％的郵件會在收到後 6 秒內被開啟，所以關閉來信通知可以幫你避免這種反射性的開信反應。[23]我固定每天下午三點查看電子郵件，其他時間都是由「自動回覆」功能告知發信者這件事。如果這種一天一次的查信頻率對你的工作來說不切實際，可以改用比較合理的次數，只要一個工作天內查看的次數不要超過88次，你就比一般人好。在行事曆上設定不查看電子郵件的時段，並開啟自動回覆功能，你會覺得比較放心，也不會冷落社交。如果你還是覺得電子郵件太誘人，可以使用阻擋軟體阻止自己連上電子郵件網站。84％的員工工作時也同時開啟電子郵件程式或網站，但關閉電子郵件程式可以幫你把注意力拉長超過 40秒。[24]

• **全神貫注回覆電子郵件。**如果你的工作環境需要盡快回應電子郵件，可以在回信時進入極度專注力模式。設定 20 分鐘，並且在這段時間裡盡快處理電子郵件，愈多愈好。即使你收到很多郵件，花 20 分鐘專心處理，甚至每小時騰出一點時間這樣做，不僅可以迅速回信，也可以利用剩下的時間完成有意義的工作。而且，寄件人頂多只需要等 40 ～ 60 分鐘就可以收到回信。

- **減少聯絡**。這是最重要的生產力技巧之一，執行這一招只需要十秒鐘，那就是直接刪除手機上的電子郵件 app。我只把電子郵件 app 放在消遣裝置（平板）和電腦上。

- **另外列待辦清單**。電子郵件程式最不適合用來存放待辦清單，因為這個程式令人分心，無所適從，又會不斷冒出新東西，讓人很難分清任務的輕重緩急。另外列一張任務清單更輕鬆，你可以簡單記下今天要做的任務，最好把最近三天的目標放在頂端。雖然把該處理的電子郵件移到另一份清單上是額外的步驟，但這樣做會讓你覺得負擔較輕，更能有條理地處理手邊的事情。

- **申請兩個電子郵件帳號**。我有兩個電子郵件帳號，一個是公開的，另一個只用來和最親近的同事通信。我每天只查看一次公開的電子郵件帳號，但會分幾次查看另一個帳號。這招值得套用在某些特殊情況上。

- 放「電子郵件假期」。如果你需要埋首於大型專案，可以設定自動回覆訊息，說明你要「停用電子郵件一、兩天」，但仍會進辦公室，有急事可以打電話或親自找你。其實大家比你以為的更理解這個做法的用意。

- 五句語原則。為了幫你節省時間，也尊重收件人的時間，你寫的郵件最好不要超過五句話，並在簽名檔中說明為什麼要這樣做。如果你有一股衝動想要多寫幾行，乾脆打電話講清楚，這樣可以省下冗長的電子郵件往返。

- 寄出重要信件前先等一下。不是每封郵件都應該立即發送，尤其是在情緒激動的狀態下寫信時更是如此。有些回信考量後會覺得根本不值得寄出。對於需要多加思考的訊息、激動的回應或重要的電子郵件，你應該給自己更多時間，沉澱一下再回應。這樣可以先放任思緒隨意思考，讓更好、更有創意的新想法浮現出來。

無論我們如何處理電子郵件，它依然是工作上的一大壓力來源。有項研究要求受試者不看電子郵件，短短**一週**，他們的心跳變化就因為壓力大減而改變。受試者因為不看電子郵件，會更常與人互動，在任務上專注的時間更長，多工作業的狀況減少，注意力顯著提升。少了電子郵件，人們可以更從容、用心地工作。實驗結束時，受試者描述這是自在、平靜、神清氣爽的體驗。[25] 雖然不可能完全擺脫電子郵件，但你可以嘗試書中列出的技巧，親自試試看哪種方式最適合你。

會議

除了電子郵件，會議也是我們面臨的一大干擾，占用的時間不容小覷。最近有項研究顯示，知識工作者平均有 37％ 的工作時間花在開會上。這表示如果你每天上班八小時，通常會花三小時開會。[26]

開會是代價高昂的活動。就算只把一小群人聚在會議室裡一個小時，整天的工作產值很容易就泡湯了。這還沒計入每次把注意力切換到討論議題上，之後再切換回工作的過渡時間。集體討論本身並沒有錯，但毫無意義的會議是現代辦公室工作中最浪費生產力的活動之一。[27]

下列四種方法能幫你減少開會次數，以及讓會議變得更有生產力：

- **不要參加沒有議程的會議。永遠**迴避沒有議程的會議，因為它根本沒有目的。每次我受邀參加沒有議程的會議時，不管是跟誰一起開會，我都會先問清楚開會的目的。召開會議的人被我這樣一問，往往會發現，他的問題其實只要發幾封電子郵件或打一通電話就能解決。所以，請謝絕參加沒有議程的會議，你的時間太寶貴了。

- **質疑行事曆上每個重複出現的會議。**我們通常不會去質疑例行會議的價值。請檢視接下來一、兩個月的行事曆，思考哪些常開的會議才真的值得你花時間和注意力。有些會議可能比表面上看起來更有價值，特別是可以跟團隊聯繫、更加了解彼此進度的會議，但也有很多會議沒什麼價值。有些會議可能難以推辭，但是花幾分鐘巧妙婉拒，可以幫你節省**幾個小時**的時間。

- **質疑出席名單**。每個受邀開會的人都有必要出席嗎？答案通常是否定的。如果你是管理者或團隊領導人，或只是想幫別人節省時間，你可以讓不太需要到場的人知道，歡迎他們參加會議，但如果有其他更重要的事情需要處理，可以選擇不要出席。

- **極度專注地開會**。會議占用的時間比你的注意力和精力還多時，想要聚精會神在會議上可能很難。但是，如果你已經認定那是值得參與的會議，或是無法擺脫，那就乾脆好好投入！不要帶手機或電腦去開會，而是專注聆聽每個人的說法，盡可能貢獻你的想法，也幫會議盡快進行，以便提早結束，讓大家都可以早點離開。你可能因此從會議中獲得很多價值。

有些提高生產力的技巧事後看來可能不言而喻，我覺得前述建議也屬於這一類，其實每一項都是常識。不過，任何生產力書籍最大的用處，都是為了讓你退一步思考可以改用哪種方式（當然，由我來說可能立場有點偏頗）。畢竟常言道，常識不見得合情合理。

網路

這一節討論的幾種干擾，共通點都是源自於網路。網路雖然是強大的工具，但也令人分心，不時打斷工作，可能導致我們花很多時間在慣性模式上。就像工作時會放空一樣，我們常在大腦放空時上網，不自覺在數個網站和 app 之間隨意切換。

減少令人分心的事物，打造無干擾模式，可以幫我們更用心於工作，但是進一步**完全**切斷網路通常很值得一試。這招不僅對工作有益，在家裡離線 12 個小時更是令人神清氣爽。出差時，在巴士或飛機上若是決定不花錢上網，將會體驗到前所未有的生產力和精力。一連上網，約有一半的時間是在拖拖拉拉，延誤的正事往往抵銷了上網的效益。

　　你大可不必相信我的說法，親自試試這個週末完全離線 24 小時，同時鼓勵家人也這麼做。下次出差旅行時，與其在飛機上自費上網，不如做一件重要但不緊急的離線任務。事後回想：你的精神如何？完成了多少事？如果你跟我一樣，可能以後會更有動力限制自己的上網時間。

簡化環境

　　幾年前，我在一家大企業人才招募部門工作。同事佩妮的桌上總會擺一小罐軟糖。這件事本身沒什麼特別之處，但我覺得很特別的是，她一顆軟糖也沒吃。她並非不愛軟糖，只是不太容易受到食物的誘惑。每天她可能只吃一、兩顆，其他的全留給那些來找她或經過她座位的同事。

　　其中有 90％ 的軟糖大概都是我吃掉的。每次我經過她的座位，就會順手抓一把軟糖（至少在我看來，抓一把的量很接近社交的許可量）。如果那罐軟糖擺在我桌上，應該一個早上就被我吃光了。（上週五我和未婚妻辦了一場聚會，後來剩下兩袋洋芋片，我兩天之內就把它們吃完了。）

　　每次我講起這些事情，朋友的反應都很訝異。畢竟，我是全職研究及實驗生產力的人，他們認為我應該有超人般的自制力。但是，就像我寫作時會抵抗數位干擾一樣，我也會提前移除生活中的其他誘惑。由於食物是我的最大罩門，我是靠改變外在環境來避免家中出現任何不健康的零食。假如身邊出現這類食物，我會請家人把它們藏起來。

　　無論是食物或是令人分心的事物，我們都很容易受到外在環境的影響。貼在冰箱門上的外賣菜單等於時時刻刻提醒你，打通電話就能吃到不健康的美食；但是把切好的蔬菜和鷹嘴豆泥放在冰箱裡，也可以提醒你吃得更健康。把每日的三大目標貼在醒目的地方，可以提醒你當天真正重要的事。在臥室裡擺電視會提醒你，只要按一下按鈕，就能馬上接觸到充滿新聞和娛樂的世界，這是比睡覺更誘人的關注焦點。把沙發和椅子面向電視擺放，而不是讓兩張椅子面對面，也有同樣誘人的效果。吃早餐時把手機擺在桌上，也是一種外在環境提示，提醒你有一個令人分心的世界等待關注。*

外在的環境提示可能以不尋常的方式影響我們。有項研究觀察咖啡店顧客之間的交談，發現那些把手機擺在面前的人，每三到五分鐘就會看一次手機，「不管手機有沒有響起或震動」。這項研究指出：「即使使用者沒有頻繁使用手機，手機也沒有震動、發出聲響或發光，手機依然代表著更廣泛的社交網絡，也是接觸大量資訊的入口。」[28] 另一項研究的結論有點令人哀傷：「只要手機出現在受試者的視野內，就會影響受試者之間的親近度、共鳴與關係品質。」[29]

這些外在提示往往導致我們的注意力偏離想要完成的事物，使我們的個人經歷變得沒什麼意義。外在的環境提示不會像通知那樣主動干擾我們，但是依然會對我們的生產力和個人生活造成傷害。尤其，當我們從事複雜的任務，大腦想尋找新奇的事物時，更容易受到外在環境提示的吸引。所以，工作環境中應該盡可能排除那些令人分心的提示。把手機、平板電腦、電視擺在另一

---

* 這就是我們透過智慧型手機與他人互動的諷刺之處。我們多半是使用手機培養人際關係，但透過手機互動絕對不像面對面接觸那麼有意義。

個房間，就比較不會受到誘惑，我們會逐漸習慣在沒什麼刺激的環境中工作，同時確保周圍的環境不至於比目標任務更有吸引力。

消除工作環境中的新提示，可以讓自己專注更久。你應該仔細思考周遭存在哪些提示，並質疑它們可能對生產力產生哪些影響。*

自從我觀察到自己在平板電腦和智慧型手機等裝置上浪費多少時間和注意力之後，就很少把它們擺在周遭的外在環境內，除非有特定的目的。現在，我的平板電腦擺在另一個房間，手機擺在辦公室對面那張桌子上，遠得摸不到。† 我的眼前有很多東西：一塊冥想墊、一對

---

* 環境提示的效果很強大，連辦公室的清潔程度都會影響你的工作生產力。研究顯示，整潔的環境更有利於專注，而凌亂的環境更有利於發揮創意。[30] 因此，如果你希望來開會的人更專注在專案上，應該在干擾少的乾淨會議室裡開會。如果你希望突破常規，推動改變，或是進行腦力激盪，可以在比較凌亂的環境裡開會。如果公司裡沒有凌亂的會議室，可以到外面開會，例如戶外的自然環境中，讓每個人接觸到新的靈感來源。但是要小心邊走邊開會的形式，因為研究顯示，走路時（包括裝了健走機的工作桌）會降低認知功能。不過走路過後，認知能力會提升。[31]

† 一項研究發現，令人分心的事物只要離我們約20秒（例如去地下室拿一包洋芋片、打開抽屜拿出手機、重新開機來連上那些被阻擋軟體擋住的網站等，需要約20秒），就能產生足夠的阻力，避

可調節的啞鈴、幾個盆栽、一杯抹茶、家人的照片、舒壓方塊（fidget cube）、一塊白板，還有我的寵物龜愛德華在岩石上曬太陽。‡ 這些東西不會干擾注意力太久，它們本來就不複雜，不會像智慧型手機那樣完全挾持我的注意力。即使我被它們吸引，也很容易就注意到大腦放空，並迅速把注意力拉回正軌。

新奇的事物可能占據注意力空間，導致我們難以全神貫注在任何事情上。

為了把環境改造成更適合工作或生活，你也應該移除可能干擾注意力的事物。要做到這點其實很簡單：

1. **盤點周遭令人分心的事物**。在你專注執行複雜任務的地方，這點尤其重要。你可以把可能令你分心的事物都列出來（包括桌上的平板電腦、和你共用辦公隔間的同事），接著思考：哪些事物比任務本身更有吸引力？

免我們受到吸引，也比較容易掌控衝動。我們是在衝動和行動之間的空檔重新掌控注意力，20秒的延遲讓我們意識到那股自然產生的衝動，可以用心去抵制。[32]

‡ 說來話長⋯⋯。

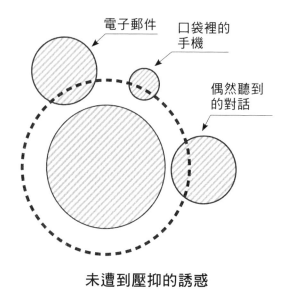

未遭到壓抑的誘惑

2. **刻意保持距離**。就像令人分心的事物一樣，你不可能預先壓抑所有的環境提示，但可以控制其中大部分事物。你可以規劃一套方案，把那些誘人的東西移開，以免受到誘惑。

3. **加入更多提高生產力的環境提示**。不是所有的環境提示都不好，沒有人喜歡在空無一物的地方工作。舉例來說，研究顯示植物有令人靜下心來的效果，人類演化不是為了在辦公室裡工作，而是為了讓我們走進大自然，所以接觸自然令我們心曠神怡。[33] 掛一塊白板在辦公室裡，可以提醒你發揮創意，腦力激盪，也是寫下每日目標的好地方。把你最愛的書排在辦公室書架上，也可以在工作上提點你一些想法。放一個舒壓方塊在桌上，可以提醒你偶爾休息一下、放空、考慮新點子。在床頭櫃上擺書，而不是手機，可以鼓勵你多讀書。把水果擺在桌上的水果盤，而不是冰箱裡，可以提醒你吃得更健康。

環境的清潔度也很重要。忙完任何事情以後，記得收拾空間。回到家時，要是看到水槽裡堆著雜亂的餐盤，地板上擺著亂七八糟的東西，肯定會讓人倍感壓力，聯想到其他尚未完成的事情。同理，每天下班時也一樣。最好把桌上的文件整理好，關閉電腦上的視窗，整理電腦桌面的檔案，把當天收到的電子郵件處理完歸檔。隔天早上開始上班時，就可以馬上專注在目標上，而不是為前一天的進度感到焦慮。排除數位環境中的雜物，和清除實體環境中的雜物一樣重要。

你可能已經知道，環境提示對未來的自我也有幫助。每天結束時，我會為隔天設定三大目標，把它們寫在白板上，明天一早進辦公室就能馬上看到。如果我必須帶某些文件去開會，我會把文件擺在門口。這樣一來，出門時，我就會看到它。

選對音樂

環境中有很多因素會影響注意力，連辦公室的溫度多少也會影響工作生產力。[*]談論內在心理環境如何影響生產力以前，我想再深入探討一項外在因素。你可能本來就會跟它一起工作：音樂。

我為這本書做研究時，訪問了一位當代最著名的音樂家，他的音樂銷量超過王子（Prince）、小甜甜布蘭妮（Britney Spears）、小賈斯汀（Justin Bieber）和巴布・狄倫（Bob Dylan）。這個人幾乎一手打造無數人的童年

---

[*] 有項研究發現，攝氏21～22度是最有生產力的理想溫度。[34]溫度較低會增加犯錯及請病假的次數。溫度高於攝氏30度時，會使生產力降低約10%。當然，每個人先天的偏好不同，最適合你的溫度可能也不一樣。

離開辦公室工作

如果你問別人，在哪裡工作生產力最高，很少人會回答「辦公室」。事實上，多數人的答案是辦公室以外的地方，例如個人偏好的咖啡廳、機場、火車上或居家辦公室。我認為，這是因為那些環境中比較少環境提示，提醒你還有哪些該完成的任務。例如，你不會在無意間聽到同事聊起你正在做的專案，也不會走過經常檢討工作進度的會議室。把工作和其他環境混在一起，往往可以讓我們更專注於想完成的事情，又沒有令人分心的干擾。

配樂，他的影片在 YouTube 上輕鬆吸引數百萬的瀏覽人次。

然而，你可能認得他的音樂，卻不見得知道他的名字：傑瑞・馬丁（Jerry Martin）。他為《模擬市民》（*The Sims*）、《模擬城市》（*SimCity*）等電玩遊戲創作配樂，全球銷量突破一億。他也為蘋果、通用汽車和 NBA 廣告製作配樂。想了解音樂對生產力的影響，馬丁的音樂可說是完美的起點，因為他創造目前樂壇上最有生產力的配樂。

研究顯示，最有生產力的音樂有兩大特質：聽起來耳熟（因此，你覺得可以提升生產力的音樂，可能跟同事的選擇不同）；比較簡單。[35] 馬丁的音樂符合這兩點，聽起來熟悉，因為他深受蓋希文（George Gershwin）等著名作曲家的影響，也沒有歌詞令人分心，而且很簡單。馬丁告訴我：「你在音樂裡放入太多結構時，往往會使人專注在結構上。最好的音樂存在於背景裡，你仔細聆聽時，聽不出什麼大不了的東西。那種音樂是線性的，它改變時，你不會注意到，但它會配合你遊戲的步調。」以我為例，我喜歡聽重複的曲調，過去一個小時內，我一直聽著同一首紅髮艾德的歌曲。

不過，研究也顯示，最有助於生產力的音樂是**相對的**。音樂至少會占據部分的注意力空間，但是熟悉、簡單、輕柔的音樂占據的空間較少。所以，音樂對注意力的幫助，還是比不上安靜的環境。當然，音樂從來不是獨立存在的。

如果你是在一家繁忙的咖啡店裡工作，音樂可能會使周遭的談話顯得模糊，那些談話比簡單熟悉的旋律更複雜，也更容易讓人分心。如果隔壁的大嗓門同事正在講電話，戴上降噪耳機聽音樂可能會讓你更有生產力。（有項研究發現，偶然聽到單方的電話對話，比偶然聽到雙方的正常對話更容易讓人分心，因為大腦會想辦法補完沒聽到的另一半對話內容。* 36）對我來說，在嘈雜的飛行環境中，降噪耳機內的音樂所帶來的寧靜感，比飛機引擎的轟鳴聲更不會令人分心。每次我在咖啡廳，遇到店內莫名其妙把音樂調成談話廣播時，我就會戴起耳機聽音樂。

　　音樂對生產力的影響，是根據你的工作性質、環境甚至性格而定。例如，音樂對內向者的干擾多於外向者。37 不過，一般來說，如果你想集中注意力，盡量聽簡單熟悉的音樂比較有效。

---

* 二手干擾（secondhand distraction）是真實存在的現象。有項研究發現，學生上課時如果看得到前方的同學在筆電上一心多用，他們的考試成績明顯較差。分心的學生在考試中的平均得分是 56 分，沒有分心的學生平均是 73 分，這相當於一個人得到 D，另一個人拿 B。38 基於這個原因，研究人員建議設計「注意力覺察教室」（attention-aware classroom），讓學生意識到分心的代價。另一方面，課堂上過度使用電腦也代表更大的問題：例如課程很無聊，導致學生不太投入。39

清除腦中雜念

當然，令人分心的事物不見得都是外來的，因為大腦中也有很多令人分心的念頭。寫報告時，我們可能突然想到必須參加會議，但那場會議早在十分鐘前就開始。下班回家後，我們才意識到忘了順便買麵包。清除腦中雜訊很重要，以免我們想全神貫注時，那些雜念冒出來攪局。

書寫有關注意力及生產力的書籍時，不可能不引用大衛・艾倫（David Allen）的研究。艾倫是《搞定！》（*Getting Things Done*）的作者，那本書強調一個簡單的概念：大腦是用來產生想法，而不是保存想法的。清空雜念的腦袋，生產力最高；把愈多想法從腦中移出來，思緒愈清晰。

如果你習慣記錄行事曆，想必已經很熟悉這個概念。如果你把所有邀約和會議都記在腦子裡，永遠也無法清晰地思考。因為你一直需要騰出部分的注意力空間，留給那些即將發生的事情，自然會帶給你很大的壓力。列出待辦清單也有類似的效果。把腦中想到該做的事情列在清單上，這樣一來，你做別的事情時，就不必一直掛念著該做的事，可以想得更清晰，也不會為了當下做的事情感到內疚。

把任務及約定排除後，會發生奇妙的事情：你工作時，幾乎不會感到內疚、焦慮或懷疑。當你擔心自己的過去，就會感到內疚；擔心自己的未來，就會感到焦慮；擔心當下的情境，就會感到懷疑及壓力。然而，一旦你設定目標，並且大略計畫如何完成重要的任務後，那些感覺都會消失，讓你因此而想得更清楚。把腦中的想法騰出來，工作時，注意力空間就不會突然冒出其他的任務和約定。

記錄行事曆或列出待辦清單，等於是把內在的干擾轉化成外在環境的提示。你不需要再一直記著何時要開會，行事曆 app 會提醒你。你不需要時時記著何時該做重要的事，桌上的任務清單就是提示，會提醒你該做什麼，尤其當你把最重要的日常目標放在清單前面的時候。

這個概念可以延伸套用到任務和邀約之外。列出會阻礙你專注工作的分心清單，就可以把那些雜念從腦中移除，更快恢復注意力，稍後再去處理（參見第 0.5 章）。如果你很容易煩惱一堆事情，可以把腦中的一切擔憂都列出來，並安排一個時段思考每一項擔憂是否屬實。當你讓大腦休息或神遊時，請把突然冒出來的任何想法寫下來，日後也許用得著。定期查看你的等待清單（記錄你正在等待的重要電子郵件、信件、包裹和電話等），也可以幫你把那些雜事騰出腦海。

有些人可以只靠陽春的記錄（列待辦清單及行事曆）就清空腦袋，他們覺得列太多清單反而麻煩；有些人則是把腦中所有大小事都列出來，才會覺得思緒最清晰；我是介於兩者之間。你可以探索一下自己屬於哪一類，從每天設定幾項目標開始做起，列一份待辦清單和行事曆。未解決的思緒可能一整天都占據你的注意力，特別是當你沉浸在重要任務的時候。列出那些尚未解決的思緒，以便更容易專注在工作上。

那些未解決的約定和想法每次一冒出來，就把它們寫下來，並養成定時重新檢視清單的習慣。這樣就可以騰出很多注意力空間，用來做更有意義的任務。

帶著目的工作

注意力有一項基本的真理：大腦總是會抗拒比較複雜的任務，尤其剛開始執行的時候。大腦開始抗拒時，會尋找其他比較新奇刺激的事物以便逃避。你從工作環境中清除那些阻礙任務的干擾、讓人分心的事物與提示時，就能持續專注在任務上。本章之所以特別長，原因很簡單：在全神貫注之前，你需要先清除很多東西。

還記得我提過三種用來衡量注意力品質的標準嗎：每天帶著意圖做事的時間有多少？每次全神貫注可以持續多久？大腦放空多久後才會察覺？

本章提到的技巧都可以改善這三項指標：

- 建立「無干擾模式」可以讓你用心投入任務，並消除那些干擾注意力的誘人事物。
- 整體來說，「干擾減量模式」可以減少新奇事物的干擾，讓你更專注在重要事物上。
- 這兩種工作模式可以幫你訓練大腦減少放空，專注更久。
- 簡化工作和生活環境可以消除許多誘人的干擾。
- 清除腦中未解的思緒，可以讓思考更清晰，並為最有生產力的任務騰出更多注意力空間。

提前排除干擾的最後一個好處是，你可以用更從容、更有目的性的步調工作。例如，研究發現，我們一邊閱讀、一邊發簡訊時,閱讀同一章節的時間可能延長22～59%。[40]只要你一直朝著正確的方向工作,即使步調比較緩慢也沒關係。用心可以彌補速度上的落差。

騰出更多注意力空間,也可以讓你工作時更容易覺察。你會注意到自己抗拒哪些干擾,你對工作有什麼感覺,你有多少精力,是否需要充電。此外,你也會注意到誘惑和衝動的出現,所以比較不會在不知不覺下受到誘惑。

目前為止,我們介紹極度專注力模式的四個階段:選擇專注的目標,排除干擾,專注在一項任務上,把注意力拉回正軌。

接下來,我們要探討如何擴大注意力空間,以及克服大腦對極度專注力模式的抗拒,養成隨時為這種超級生產力心態做好準備的習慣。

| 05 |

養成極度專注力的習慣

放空的原因

　　有大量的研究調查，大腦為什麼會在我們想要專注時放空[1]，尤其身處下列情況更容易放空：

- 壓力大或覺得無聊時。
- 在混亂的環境中工作。
- 正在處理及思考個人的擔憂。
- 質疑自己是不是正在做最有生產力或最有意義的任務。
- 注意力空間仍有餘裕。餘裕愈多，大腦愈容易放空。

　　我們已經討論過上述原因：

- **壓力大或覺得無聊時**：感覺到情況超出自身能力時，會覺得壓力很大。為了避免注意力空間超載，可以確保自己有必要的資源來因應這種情況。[2]

- **在混亂的環境中工作**：我把無聊定義成：從高刺激狀態轉入低刺激狀態所感到的不耐煩。只要極度專注時啟動「無干擾模式」，平常以「干擾減量模式」工作，久而久之，你會逐漸習慣較少的刺激，因此不常遇到「從高刺激轉為低刺激」的落差，比較不會感到無聊，環境也會變得比較不混亂。

- **思考個人擔憂**：列一份任務清單、等待清單或擔憂清單，以清除腦中的尚未解決的煩惱。這樣做可以在集中注意力時，避免煩惱盤據著腦海，幫我們更有效地因應混亂的環境，暫時擱下煩惱。降低切換任務的頻率也有助於清晰思考，減少「注意力殘留」，以免它占用有限的注意力空間。

- **質疑自己是不是在做最該做的事**：用心工作是減少自我懷疑的最好方法。那些自我懷疑會導致心思飄離你想專注的目標。

- **注意力空間仍有餘裕**：以極度專注力模式（全神貫注）執行最複雜的任務，可以占用更多注意力空間，防止思緒飄離。關注的焦點愈小，大腦愈容易放空。

　　本書傳授的技巧之所以有效，有幾個主要的原因。它們都能讓你更專注，也能從一開始就幫你避免大腦放空。稍後我們會看到容易導致大腦放空的其他因素，包括你有多疲累及多快樂。（快樂的程度可能以多種奇妙的方式影響注意力。）

　　不過，現在先來深入探索，我個人認為最有趣的放空因素：注意力空間仍有餘裕。

提高工作的難度

　　任務因複雜程度不同，需要的注意力空間也不同。

如果你曾經試著冥想、全神貫注在呼吸上幾分鐘，可能會注意到思緒比平時更容易飄離，而且放空的頻率遠遠超過跑步、深度對話或看電影的時候，因為後者的任務比較複雜，本來就會占用更多注意力。*

因此，刻意讓任務變得更困難，或是承擔比較複雜的任務，是另一種進入極度專注力模式的有效方法。因為難度增加會占用更多注意力，讓你得以更專注在眼前的任務上，降低思緒飄走的頻率。

契克森米哈伊在開創性著作《心流》裡，針對我們何時最有可能進入心流狀態，提出一項有趣的見解：任務的難度和我們的能力相當時，會讓我們完全沉浸在任務中。我們的技能遠遠超出任務的要求時（例如不動腦筋輸入資料數個小時），就會感到無聊。任務的要求超出我們的能力時（例如還沒準備好做簡報），就會感到焦慮。任務的難度與我們的能力大致相當時（彈奏樂器、沉浸在書本中或在剛下雪的斜坡上滑雪），更有可

---

* 冥想的效果在於，訓練注意力集中在簡單的微小事物。如此一來，會讓你更容易專注於複雜的事物，思緒比較不會飄離，能專注得更深入、更久，注意力的品質也會顯著提升。冥想沒有你想像的那麼令人卻步，值得親自試試看。

能全神貫注在任務上。

如果你發現一整天很難持續沉浸在工作中，應該自問那個任務是否夠難或夠複雜。如果你經常感到無聊，考慮一下工作是否善用你的獨特技能。如果你已經採用前幾章的建議，思緒依然經常飄離，顯然你的任務不夠複雜，並未占用足夠的注意力空間。†相反地，如果你**已經**排除令人分心的事物，用心投入在工作上，卻依然感到焦慮，可以想想目前的技能是否足以應付手上的任務。

除了質疑個別任務的難度，你也可以思考工作量**整體來說**有多大的挑戰性。極度專注力模式可以讓你在更短時間內完成更多任務，但是你可能會發現，沒有足夠的工作填補多出來的時間。這種情況可能以某些奇怪的方式呈現出來。

工作通常會持續增加，直到填滿所有可用的時間。在「生產力」領域中，這種現象稱為「帕金森定律」（Parkinson's Law）。但是，只要事先排除干擾，你可能會發現工作不再持續增加，直到占用所有的可用時間，

---

† 注意力空間愈大，你做簡單的任務時，大腦愈容易走神。這也證明了，團隊中挑戰性最高的任務，應該分配給最聰明的成員。

你會真正知道自己有多少該做的工作。我指導的一些高階主管發現，他們只專注在最重要的任務時，可以在短短幾小時內完成一整天的工作。

　　我寫前一本書時，親身體驗過這種現象。我在很短的時間內交出約八萬字的手稿，但交稿後，即便工作量大減，日子還是一樣忙碌。其他案子持續增加，占用掉那些提早交稿而多出來的時間。原本我會在演講前幾週才開始規劃內容，這次我比必要的時間更早開始準備。明明我可以拿那些多出來的時間工作，卻比平常更常登入社群媒體。我把自己給別人的建議拋諸腦後，不再每天只查一次電子郵件，而是動不動就查一次。我開啟某些通知，以便處理更多任務。我也答應要參與更多會議，其中有很多會議根本沒必要參加。我只要一閒下來，就有罪惡感油然而生，但是只要開始瞎忙，罪惡感就會消失。

　　當時我不知道這種罪惡感有兩種來源：缺乏目的性的工作；工作持續增加，直到填滿所有時間。我這樣渾渾噩噩瞎忙幾個月後才終於回神，排除那些充斥在可用時間內的新奇事物。如此徹底檢討後，我才發現實際上我做的事情很少。於是，我刻意接下一些比較有意義的工作，例如為網站寫作更多內容、思考本書的架構、增加演講行程和教練課程。由於我自認是生產力很高的人，難以坦承自己的失敗，但那次經驗給了我一個重要的教訓：在工作上或家裡做一些不動腦筋的事情，不僅毫無生產力，也表示你承擔的重要工作不夠多。這也可以解釋為什麼截止日期逼近時，你會停止瞎忙，因為你已經沒有足夠的時間去抑制它的持續膨脹。

為了衡量你的工作時間是否足夠，請評估你每天花多少時間毫無意義地瞎忙。如果你瞎忙的程度很高，也許還有空間承擔更多任務，並在過程中變得更投入，更有生產力。

這個建議乍聽之下有悖直覺，如果你覺得已經工作滿檔，可能還會認為這個建議根本是發神經。但是，這件事值得你深思，我們以知識工作為生時，難免會有拖拖拉拉的毛病。把時間和注意力花在電子郵件和社群媒體上，會讓我們**覺得**工作很有生產力，實際上卻讓我們一事無成。

讓人快樂的機械式任務

機械式任務（rote task）的生產力往往不如複雜任務，卻有一項好處：比較有趣。研究顯示，比起寫報告之類的複雜任務[3]，我們更喜歡資料輸入那類的普通任務。撰寫本書的過程中，我造訪微軟的研究部門，他們針對如何管理注意力做過很多研究。我造訪當地三次，每次去，那裡的研究人員都堅稱，我們執行不會消耗全部注意力的任務時比較快樂。這是有道理的，因為有生產力的任務固然重要，但通常令人抗拒，所以做那些事情的報酬才比較高，它們利用我們獨特的大腦資源。相對地，不太需要動腦的任務可以給我們即時的回饋與完成任務的成就感。如果某些機械式任務可以帶給你真正的快樂，不要因為大多生產力書籍叫你少做那種不動腦的任務就不做了。但是，你確實需要刪除一些機械式任務，以便為重要的任務騰出更多時間和注意力。

擴大注意力空間

目前為止，我討論的專注技巧大多需要你加強管理注意力空間。除了更用心管理，你也可以擴大它的規模。

我們先複習一下，注意力空間的大小是由認知心理學的「工作記憶容量」（working memory capacity）來衡量，也就是大腦中可以同時裝進多少資料組（通常是四組）。你的工作記憶容量愈大，同時記住的資訊愈多，處理複雜任務的能力愈強。

擴大注意力空間除了可以承擔更複雜的任務，還有其他好處。研究顯示，當你專注於複雜任務時，較高的工作記憶能力可以減少放空的頻率。[4] 而且即使大腦放空，也是去想比較有意義的事。注意力空間愈大，你愈有可能思考（及計畫）未來。[5] 更好的是，注意力空間愈大，代表你有額外的注意力去思考下一步要做什麼，同時記住你當下的初衷。注意力空間愈大，也比較容易把飄走的思緒拉回正軌。研究顯示，擁有更大的工作記憶容量，「可以讓你善用那些未充分利用的資源，回歸你關注的心理目標。」[*][6]

---

* 工作記憶容量和智力之間關係密切，相關性高達85％。[7] 智力是預測工作績效的最佳指標。[8]

那麼，究竟該如何擴大注意力空間呢？

很多「大腦訓練」的 app 和網站，標榜培養記憶和注意力等功能。簡單來說，他們標榜的功能大多很可疑，在實驗室研究中根本站不住腳。某些大腦訓練方案短期內有效果，可以幫你多記憶一點，改善部分解題能力，但影響力僅限於此。你需要每週練習幾個小時才會持續有效，一旦停用那些訓練方案，連之前的進步都會消失。有項研究找來 11,430 名受試者測試這些程式的效果，結果發現「沒有證據」顯示這些 app 有效，即使衡量的任務就是那些訓練程式想要改進的任務。[9]

然而，許多研究一再證實，有一種方法可以擴大工作記憶容量：冥想。

冥想的評價不太好，因為大家一聽到冥想，就聯想到和尚在山洞裡打坐的畫面。實際上，冥想很簡單，它就像極度專注力模式，一旦發現心思飄走，你需要持續把注意力拉回單一關注焦點（通常是呼吸）。

在呼吸冥想中（最常見的形式，也是我持續練習約十年的模式），你會注意到呼吸的特徵：起伏有多大、體溫、身體哪個部位最突出，以及吸氣和呼氣之間的過渡等。由於觀察呼吸不會占用全部的注意力，大腦將**不停**放空，這正是重點。每次你把放空的思緒拉回呼吸時，也提高了執行能力，也就是對自己的注意力有多大掌控。最終，這可以改善衡量注意力品質的每項指標。你會因此專注得更久，思緒比較不會飄走，更能用心地工作。

當你處於極度專注力模式時，也會體驗到同樣的好處。極度專注力模式就像冥想，是一種自我強化的練習。練習得愈多，愈能控制自己的注意力，下次專注的時間愈長。

冥想很簡單，只要找個空間坐下來，閉上眼睛，注意呼吸就好。如果你覺得自己好像做錯了，那很正常，也不必想太多，尤其是一開始的時候。這種簡單練習的效果很深遠。研究發現，受試者養成冥想的習慣後，不僅減少放空的頻率，也可以在放空前專注更久，這正好是衡量注意力品質的其中兩項指標。這項研究把冥想介紹給準備 GRE（美國研究生的標準入學考）的考生，結果他們去參加考試時，成績平均提升了 **16%**。[10] 研究也證明，冥想可以防止「高壓期間工作記憶容量的退化」，例如在混亂環境中工作或處理個人擔憂。[11] 有一份探索相關主題的文獻，精簡扼要地描述冥想的好處，它說冥想是「把大腦放空的破壞力降到最低的最有效方法」。[12]

我最喜歡的冥想研究，是測量受試者養成冥想習慣後，工作記憶容量增加多少。研究人員指導受試者每週進行兩次 45 分鐘的冥想練習，並鼓勵他們在家冥想。幾週後，他們發現每位受試者的工作記憶，都出現驚人的轉變[13]：工作記憶容量平均增加 **30%以上**。研究結果比另外兩組受試者好很多，其中一組是練習瑜伽數週，而且，冥想短短幾週就出現成效。

　　開始練習冥想時，每天只需要幾分鐘就夠了。首先，判斷你的抗拒程度，就像進入極度專注力模式一樣。接著以舒適的姿勢坐在椅子上，但是要打直腰桿，讓脊椎的椎間盤好好地堆疊起來。（編注：人體脊椎就像積木，是由一塊塊椎骨堆疊而成，椎間盤是椎骨之間作為緩衝的軟骨組織。）注意你呼吸的品質，思緒一飄離就把它拉回呼吸上。我非常推薦大家使用 app 來開始練習，我喜歡 Headspace 和 Insight Timer，它們都有引導功能，帶你逐步進入冥想的狀態。每次冥想時，請抱著好奇的心態，關注大腦會神遊到哪裡。我的冥想原則很簡單，且多年來奉行不變：冥想多久不重要，重要的是天天冥想。有些日子我只能抽出一、兩分鐘，然而只要天天持之以恆，再短的時間都很足夠。十年前我剛開始冥想時，我只做五分鐘左右，後來漸漸拉長為 30 分鐘。無論如何，我都不願放棄這項習慣。

你練習注意呼吸時，也是在練習注意自己的生活，但冥想不是這套方法裡的唯一妙計。練習正念（mindfulness）是另一個擴大注意力空間的有效方法。它類似冥想，但沒那麼難以親近。

正念就是注意腦中浮現什麼，注意當下的環境。這包括注意到你正好感知、感覺或想到的任何事情。正念和極度專注力模式有一個主要區別：正念是專注在當下的環境，而不是沉浸其中。

下面這句話可能聽起來有點奇怪：你從來沒有好好洗過澡。你站在浴室裡讓水沖洗身體，但思緒可能在別的地方，例如在辦公室、想著日常待辦清單、思考晚餐吃什麼，或是腦力激盪工作上面臨的問題。你有一小部分的注意力用在執行洗澡的習慣性步驟，但心思不在洗澡上。用心地洗澡，是指專注在眼前的景象、聲音、感覺上，可以訓練大腦更專注於眼前的事物上。

你可以先挑一個不會占用全部注意力的日常任務（例如啜飲晨間咖啡、穿過辦公室或洗澡），由此開始練習正念，然後用心花一、兩分鐘去做那件事。把注意力集中在當下的情境，注意咖啡的氣味、味道和口感；從辦公室的一個房間走到另一個房間時，身體的動作變化；或者感受洗澡的水溫和觸感。你要不要計時都可以，只是單純活在當下，盡可能多關注你看到、聽到與感覺到的事物。當你發現自己放空時，就把思緒拉回原本關注的事物，笑看那些難以駕馭的干擾即可。放空時，不需要對自己太嚴苛。切記，大腦天生就容易放空。

關鍵在於：關注的焦點愈小，注意力愈容易分散；但是你愈專注，注意力的空間也會變得愈大。練習正念或冥想的過程中，即使大腦放空，你也可以更快把注意力拉回正軌，以後在工作和生活中就能變得更專注。

冥想和正念之所以有效，是因為它們訓練你在一段時間內，腦中只想著單一目標。冥想時，你坐在那裡一心只關注著呼吸，直到計時器響起。練習正念也是如此，喝完咖啡（或喝完一半）、洗完澡，或走到你想到達的目的地以前，你都專注於當下的動作。當你的腦中只抱持單一目標，一整天下來更能用心生活和工作。由於冥想和正念都會擴大注意力空間，可以幫你更專注在目標上。

如果你覺得這些好處還不夠多，冥想和正念還可以

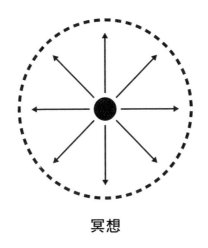

冥想

幫你抽離思緒，更輕易地找出盤據著注意力空間的事物。你愈注意那些吸引你注意力的事物，就能愈快把注意力拉回原本的目標。有了足夠的覺察力，你甚至可能注意到大腦神遊到某個有生產力的地方，而且你希望它繼續停留在那個思路上。例如，工作記憶容量增加，代表你的大腦更有可能為未來制定計畫和訂定目標。有了這種額外的覺察力，你會注意到注意力空間的邊緣有些令人分心的關注焦點，例如你發現自己想尋求外在的刺激，或是即將受到誘人干擾因素的吸引。

研究結果很明確：正念和冥想幾乎可以改善你管理

注意力的每個面向。[14]

　　每隔一段時間，我喜歡到當地的佛寺參加週六下午的開放冥想。這些冥想集會通常包含一個小時的冥想時間，以及分享參加者各自帶來的餐點，接著再由一位僧人開講。我參與的某一場開放冥想集會上，一位僧人提到某次禪修的經驗。他說，那幾週的冥想，他只專注於呼吸在鼻尖上的感覺。這個注意焦點簡直小得不可思議。隔天，我試著在兩小時的冥想練習中如法炮製，結果發現大腦放空的頻率暴增。當關注的焦點那麼微小，這種現象並不足為奇。

　　但是，隔週一的早上，我竟然比前幾週更專注在工作上。短短幾小時內就寫了幾千字，努力構思三場演講的內容，還有時間可以清空收件匣中的未讀電子郵件。那種正面積極的效應還延續長達一整週，我每一天都更能集中注意力。注意力的品質是生產力的關鍵，只要稍稍提升，就能顯著影響完成的進度。

　　幸好，你不必為了獲得正念及冥想的顯著效益，花費好幾個小時專注於鼻尖上的呼吸。只要每天冥想及練習正念幾分鐘，就有立竿見影的效果。如果你想從這一章獲得一項啟示，那應該是：你很難找到比冥想和正念更有效改善注意力品質及注意力空間大小的方法。雖然冥想和正念都需要花點時間，但隨著你的思考與注意力變得更清晰、更深入、更用心，這些時間投資都能很快回收，甚至獲得的回報比投入還多。

在家練習極度專注力模式

本書收錄的每項技巧，幾乎都可以同時運用在工作及居家生活上。我把這些技巧套用在生活中，發現它們為我的生活帶來一些顯著的效益。

上一次你生產力很高的時候，很可能是處於極度專注力模式。上一次你在家裡感到最快樂、最有活力的時候，可能也是處於類似的狀態。你可能只專注在一件事上，無論是與愛人進行深度談話、種花、與親戚打牌，或是在沙灘上放鬆看書，那一件事都占用全部的注意力。所以，周遭可能沒有太多令人分心的事情。你的手機可能擺在另一個房間，你可能已經下定決心週末完全遠離網路，你的家人可能答應晚餐時完全不使用手機，你可能也處於相對放鬆的狀態，所以不會在環境中尋找新奇的刺激，更容易專注在眼前的事情上。

我覺得「極度專注力模式」這個詞，最能貼切形容這種全神貫注在單一事物上的狀態，而且又不會聽起來太密集而令人卻步。實務上，極度專注力模式是很放鬆的，除非你有期限壓力，或是使出渾身解數，注意力已經滿載。你進入極度專注力模式時，周遭吸引你關注的新奇事物很少，手上的工作自然占據你的注意力空間。在家裡也是如此，你會體驗到極度專注的效益，因此對正在做的事情有更多記憶，經歷也變得更有意義。我們花更多的時間專注在當下的時候，可以用更少的精力更快完成事情。我喜歡在設定三項工作目標以外，也設定三項個人的日常目標，藉此進入極度專注力模式。即使其中一個日常目標恰好是在 Netflix 上瘋狂追完一整季的電視劇也無所謂。

我發現以極度專注力模式進行談話時，特別有助益。想要進行深入有意義的談話，祕訣很簡單：把全部的注意力放在對方身上。你可以用很多方法做到這點，例如讓對方把話講完才接話（這是很多人忽略的簡單技巧）。等對方把句子講完，再思考你接下來要說什麼。我相信多數人都有第六感，可以判斷對方是不是真的把注意力放在自己身上。當你不只把時間花在對方身上，也把注意力放在對方身上時，將會產生很特別的效果。

　　極度專注力模式讓我更深入了解我的人際關係、談話和其他方面。我相信，愛就是把注意力放在對方身上。浸信會牧師兼作家大衛‧奧斯堡格（David Augsburger）曾說過：「獲得聆聽近乎獲得關愛，一般人幾乎難以區分兩者之別。」[15]

　　在家裡極度專注於一項活動時（無論是演奏樂器、遛狗，還是為家人做晚餐），排除那些無意義的新奇干擾，完全專注在活動中，代表我們是刻意抽離工作。這種練習長久下來會變得愈來愈容易。本書後面會以一整章的篇幅，探討如何為極度專注力模式充電：透過定期抽離工作、讓大腦休息或神遊，以及承擔挑戰性不高的任務。用心待在家裡也能幫我們養精蓄銳。

　　無論是在工作中還是在家裡，注意力的品質決定生活的品質。在工作中，對眼前的任務愈專注，生產力愈高。在家裡，對眼前的事物愈關注，生活愈有意義。

破解抗拒心態的四種方法

　　本章介紹的幾項技巧，可以幫你培養更穩健的極度專注力習慣：使工作更有挑戰性；在職場和家中承擔更多工作；擴大注意力空間；在生活的各個領域練習進入極度專注力模式；挑選進入極度專注力模式的時間。我們最後要談一個重要的概念，可以幫你在工作和生活中鞏固極度專注力模式的習慣：如何破解你對極度專注力模式的抗拒心態。

假設你試過極度專注，即使只撐了十分鐘，也可能已經感受到我一開始遇到的狀況：對於只專注做一件事產生抗拒感。那種感覺可能結合躁動不安、焦慮、又受到新奇干擾的吸引。你剛開始進入極度專注力模式時，可能會發現自己比平常更渴望接觸那些令人分心的事物。

我們對複雜及有生產力的任務的抗拒心態，不是均勻分布在工作時間內，而是通常集中在剛投入任務的時候：

40 秒

例如，清理車庫或臥室的壁櫥，可能需要幾週才會累積足夠的動力和耐力，但只要你開始動手，即使才過一分鐘，也可以持續做上好幾個小時。同樣的道理也適用在運動上，一旦克服開始運動的阻力，就可以繼續鍛鍊下去。開始行動給我們足夠的動力去實現目標。

這個道理也適用於最複雜的任務上，也是我們投入任務 40 秒就很容易分心的原因之一。我們一開始投入時，感覺阻力最大，會想要尋找更有吸引力的替代品。開始執行新任務時，需要在干擾因素有限的情況下，至少用心投入一分鐘才行。我最喜歡用來對抗這種起始阻力的四種方式如下：

1. **縮短極度專注力模式的時間，直到不再抗拒。**把全神貫注做一件事的時間，縮減到你不再感到抗拒為止，即使只設定專心五分鐘，也可能讓你因此展開行動。

2. **注意你說「沒時間」做某件事的時候。**你一定有時間，只是把時間花在別的事情上了。當你說出「沒時間」這句熟悉的說法時，可以嘗試交換任務。例如，如果你「沒時間」跟朋友喝咖啡，就自問是否有同樣多的時間看足球賽或刷臉書。如果你覺得自己「沒時間」做某件事，自問是否能騰出足夠的時間跟老闆開會或清理收件匣。如果這種假設性的任務交換顯示你**確實有**時間，你說「沒時間」很可能只是抗拒感在作祟。

3. **持續練習極度專注力模式。**每天至少練習一個時段，當你習慣在這種干擾較少的情況下工作，喜歡那種生產力提升的感覺時，往後就比較不會那麼抗拒了。

4. **補充活力！**極度專注力模式其實可以讓人更有活力。當你不必持續抵抗干擾，也不必一直逼自己專注在重要的事物上，就不需要花太多心力自律。但是，話又說回來，你抗拒進入極度專注力模式的程序時，可能正好顯示你需要補充活力了。

極度專注力模式的功效

本書收錄的每項概念，都是為了幫你更用心管理注意力。當注意力如此有限，又有那麼多事情爭奪資源時，這項概念特別重要。

我們來總結一下：

- 了解四種工作類型，可以幫我們退一步思考，什麼才是真正重要的任務。如此一來，就可以停止盲目的慣性模式。
- 了解注意力是有限的，讓我們意識到當下能專注的事情是多麼少。
- 極度專注投入最複雜、最有生產力的任務，可以啟動大腦中最有生產力的模式，並在短時間內完成大量工作。
- 設定明確的日常目標，可以幫我們鎖定生產力最高的任務。
- 打造個人化的無干擾模式和干擾減量模式，讓我們工作時更專注，思考更明晰，同時避免把時間和注意力投注在不必要的干擾上。
- 盤點周遭令人分心的事物，可以簡化工作和生活環境，讓思慮更明晰。
- 列出等待清單、待辦清單、擔憂清單，以清除腦中掛念的事物，可以讓思緒更清晰，避免尚未解決煩惱打斷一整天的注意力。
- 管好注意力空間，必要時將工作複雜化，並且擴大注意力範圍，有助於妥善管理有限的注意力。

你可能還記得我在本書一開始說過，用心管理注意力會產生多大的轉變。如果你已經照著目前為止提出的建議執行，應該會發現自己的轉變：工作和生活都因此有所改善。

如果你遵循前五章的建議，我希望你已經變得更有生產力，更專注於工作和生活，思緒更加清晰、冷靜。你可能也因此記住更多事情，覺得工作和生活更有意義。衡量注意力品質的三項指標可能也提升了：你用心投入工作和生活的時間更多，每次專注的時間更久，大腦放空的頻率也減少了。

目前有很多研究，都在探究集中注意力的最佳方法，我在前五章中已經盡力把那些研究加以歸納，整理成實用的技巧。我希望你也能認同，注意力是幫我們度過美好生活的最重要元素。

大腦放空的功效

目前為止，我只提到大腦放空的負面影響。當我們需要全神貫注時，思緒飄離可能會破壞生產力。

然而，這種大腦放空的模式（亦即分散注意力和焦點）也可以產生強大的效用。事實上，它的效用相當強大，值得我把本書第二單元完全用來探討這種模式。我將它稱為「分散注意力模式」（scatterfocus），因為在這種模式中，我們分散注意力，沒有特別關注任何東西。極度專注力模式是把注意力往外導向某個目標，分散注意力模式則是把注意力往內導入腦海中。

極度專注力模式是大腦最有生產力的模式，分散注意力模式則是最有創意的模式。當我們的原始目標在於要專注時，分散注意力模式可能破壞生產力。但是，分散注意力模式可以幫我們想出問題的創意解方、規劃未來，或做出棘手的抉擇，它跟極度專注力模式一樣重要。只要刻意放任大腦放空，就能獲得分散注意力模式的明顯效益。

學習如何更聰明運用極度專注力模式與分散注意力模式，可以讓你更有生產力、更有創意、更快樂。

現在，讓我們進入第二種大腦模式。你很快就會看到，這兩種模式可以透過某些特別的方式，達到相輔相成的效果。

SCAT

FO

第 二 部

分|散|注|意|力

大腦的隱藏創意模式

「遊蕩者未必迷失方向。」

——J‧R‧R‧托爾金（J. R. R. Tolkien）

什麼是分散注意力模式？

本書第二部將介紹大腦放空，以及把注意力導向內心的功效。

是的，你沒聽錯。第一部鼓勵你擺脫大腦放空的狀態，現在卻要說明這種放空狀態的優點。大腦神遊之所以令人詬病，確實有一些道理。我們有意專注做事時，作白日夢可能會破壞生產力。但是，如果我們的意圖是解決問題、創意思考、腦力激盪新構想或養精蓄銳，作白日夢其實是一股很強的助力。就提升創意來說，找不到比放任大腦神遊更特別的方法了。

回想一下你上次獲得創意構想的情況，很可能不是以極度專注力模式的狀態在做事。事實上，你可能沒把注意力放在任何事物上。你可能好整以暇地慢慢沖澡，趁著午休時間出外散步，參觀博物館，閱讀一本書，或者在海灘上放鬆喝飲料。也許你正啜飲著晨間咖啡，接著，突然靈機一動，腦中浮現絕妙的構想。你在休息充電時，大腦不知怎麼的選了這個時刻，讓你串起腦中的各種資訊或想法。

就像極度專注力模式是大腦生產力最高的模式，**分散注意力模式**是大腦最有創意的模式。

進入分散注意力模式很簡單，你只要放任大腦放空就好。就像進入極度專注力模式時，你刻意把注意力集中在一件事上；分散注意力模式是刻意放任思緒飄盪。你做事的當下（無論是跑步、騎單車或投入不占用全部注意力的事情），敞開注意力空間，就會進入這種模式。

說到生產力和創意，分散注意力模式可以讓你一次做三件強大的事情。

首先，本章會討論到，它讓你設定目標及規劃未來。沉浸在當下時，不可能為未來設定目標。當你退一步，把注意力導向內心，就能關掉慣性模式，思考下一步該做什麼。你休息時，大腦會自動規劃未來，你只需要給它足夠的空間和時間。

第二，分散注意力模式讓你充電，養精蓄銳。整天專注在任務上會耗損大量精力，即使你使用第一部介紹的技巧來管理及保護注意力空間亦然。分散注意力模式可以幫你恢復精力，讓你專注得更久。

第三，分散注意力模式可以培養創意，幫你把既有的想法串連在一起，創造出新的概念；使腦海深處的想法浮上注意力空間；幫你拼湊出解決問題的方法。分散注意力是不特別專注在某件事物上，可以加速大腦的聯想力。你的工作或專案愈需要創意時，你更應該刻意放任大腦天馬行空運作。[1]

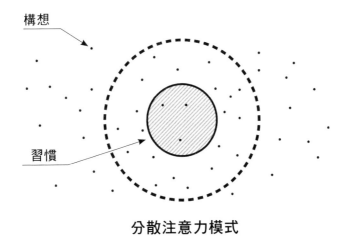

分散注意力模式

為什麼分散注意力不是好事？

儘管分散注意力模式有提高生產力和創意等好處，但多數人對於進入這種模式感到遲疑。進入極度專注力模式會變得非常有生產力，所以很容易令人躍躍欲試；但分散注意力模式一聽就覺得不是那麼誘人，至少表面看來是如此。當周遭有那麼多新奇又令人振奮的關注焦點時，多數人並不想在這個時候獨自思考。

最近一項調查顯示，83％美國人表示，接受調查之前 24 小時內，並未花**任何**時間「放鬆或思考」。[2] 另一項研究是衡量受試者對於放任大腦放空有多強的抗拒心態。在研究的第一階段，研究人員在受試者的腳踝上安裝兩個電極進行電擊，接著詢問他們願意付多少錢以避免再次遭到電擊。[3] 約四分之三受試者願意付錢，以避免再次遭到電擊。在第二階段，研究人員讓受試者獨自思考 15 分鐘。這段期間，電極皆處於通電狀態，如果有人不想獨自思考，想再次電擊自己，可以自行動手。從這裡開始，研究開始變得很有趣，也有點可悲。在這項研究中，多達 **71％**的男性選擇在獨自思考時對自己施行電擊；女性的情況好一些，只有 26％ 的女性選擇再次電擊自己（你可以自己歸納結論）。無論受試者的年齡、學歷、財力或注意力的分散程度如何，結果都是如此。當你想到那些受試者願意付錢，以避免再次遭到電擊，因此才進入研究的第二階段時，這個研究結果就更令人沮喪了（不介意被電擊的人已遭到淘汰，不會進入第二階段）。

如果你讀過很多類似本書的書籍，可能很熟悉一個概念：大腦先天的設計就是為了生存和繁衍，而不是為了日復一日執行知識型工作。我們先天就會注意那些令人關注的焦點，因此人類才得以存活下來。我們已經討論過吸引我們的第一種關注焦點：任何**新奇**的事物。所以，我們覺得智慧型手機和其他裝置如此誘人，正事（例如寫報告）卻很無聊。

我們也比較可能專注在**令人愉悅**或**感到威脅**的事物上[4]，那是因為人類的生存本能發揮效用。性愛、大吃大喝之類的樂趣，使我們能夠繁衍，以及在食物難免匱乏的情況下預先儲存脂肪。注意環境中的威脅（例如老祖先生火時，有蛇在附近滑行），讓我們能夠多活一天。我們為了迎合對新奇與愉悅事物的渴望，以及對會產生威脅的物件的關注，而打造出周遭的環境。下次你打開電視、觀賞 YouTube、閱讀新聞網站，或查看社群媒體時，請思考一下，這些管道是提供新奇、愉悅、威脅性焦點的穩定來源。

現代生活中，這三種關注焦點已經不再平衡。我們周遭始終環繞著新奇的干擾，娛樂無處不在，但真正的威脅少之又少。過去大腦的演化，使我們把儲存糖分及做愛視為生存機制，如今卻導致我們過度沉迷於速食和色情。不斷掃視周遭是否有威脅，是老祖先的求生機制，如今卻導致我們整天掛念著某封負面的電子郵件，或是過度解讀老闆隨口的評論。這些以前幫助人類生存下來的機制，如今破壞了現代世界的生產力和創意，使得最急迫的任務感覺上比實際上重要得多。

當我們讓大腦神遊，把注意力轉向內心時，也容易受到新奇、愉悅和具有威脅性的事物的吸引。這時，我們最大的威脅、擔憂或恐懼不是存在於外在環境，而是在個人意識的深處。大腦放空時，會不自覺反覆思索自己說過的蠢話、與他人起過的爭論（無論辯贏或辯輸），以及對工作和金錢的擔憂。當然，大腦也會想到愉悅的事情，例如想起難忘的餐點，回憶起美好的假期，或幻想當初能以妙語反嗆對方有多過癮。下次冥想時（如果你已經開始冥想了），注意大腦如何自然被腦中浮現的威脅、快樂和新奇想法所吸引。

實際上，我們不常經歷大腦放空的負面狀況。大腦浮現負面想法時，大多是因為回想到過去，但是思緒遊蕩到過去的時間僅占 **12%**[5]，大多時間是在思考現在及未來[6]，所以分散注意力模式才會那麼有生產力。雖然大腦的演化使我們容易關注新奇和負面的事物，但是每次把注意力導向內心，就會發揮深刻的創造力。我覺得我們這種與生俱來的能力簡直是超能力。

相較於其他哺乳動物，人類有獨特的能力，可以跳脫眼前的事物思考。*這讓我們得以規劃未來，記取過往的教訓，天馬行空想出非凡的洞見。這種能力幫我們探究內心，尋找解決外在問題的方法，無論是解開數學題，還是告訴服務生我們比較想吃哪種蛋。最特別的是，分散注意力模式讓我們退一步檢視人生，從而更用心地工作和生活。

---

* 這條規律也有例外，有一項研究發現，西叢鴉（western scrub jay）通常會保留食物以備未來食用，因為牠們以前曾經歷過食物遭竊。[7]這項研究的作者指出，這個結果「質疑『規劃未來是人類獨有的能力』的假設」。另一項研究發現，「羚羊和火蜥蜴可以預測以前經歷過的事情有什麼結果」。不過，無論動物有什麼規劃與思考未來的能力，那些能力似乎都很低階，也很有限。[8]

大腦放空時的去處

撰寫本書時，我有機會閱讀千百篇與注意力管理有關的研究。其中，我最喜歡的是探索大腦放空去處的實驗，由加州大學聖塔芭芭拉分校班傑明・貝爾德（Benjamin Baird）和強納森・史庫勒（Jonathan Schooler）以及約克大學強納森・史默梧（Jonathan Smallwood）共同進行。他們的研究相當有趣，為分散注意力模式的豐富成效提供科學證據。

大腦放空時，思緒主要是飄向三個地方：過去、現在和未來。分散注意力可以讓創意天馬行空發揮，正是因為這時你的思緒穿越了時空，串連起以前學到的東西和正在學習或想要達成的東西。這讓你考慮未來時，以及思考現在該做什麼以實現未來時，可以抱持著更遠大的目標。

儘管我們只花 12％ 的時間思考過去，然而相對於思考現在或未來，我們更有可能記住思考過去時的片段。（有趣的是，事實上，回想過往的思考中，38％ 跟當天稍早發生的事情有關；42％ 跟前一天發生的事情有關；20％ 跟比較遙遠的往事有關。）大腦天生擅長感受到威脅，也容易記住威脅，例如我們可能對某一封負面的電子郵件一直耿耿於懷。（這樣做是為了讓我們記取錯誤，雖然成天下來腦海中隨機浮現這種負面記憶挺煩人的。）某種程度上，這些過往想法也證明了分散注意力模式的威力：做白日夢時，我們彷彿身歷其境。尷尬的記憶冷不防冒出來，挾持注意力，讓我們對自己說過或做過的蠢事感到懊惱。*

　　除了思考過去，大腦思緒有 28％ 的時間會思考現在。雖然大腦神遊時，工作沒有進度，依然是很有生產力的活動。抽象思考眼前的事物，可以幫我們思考另類的處理方法，例如以什麼方式提醒同事擦體香劑比較不會那麼尷尬。針對當前處理的問題進行天馬行空的想像，往往事後證明很有效益，因為我們需要反思任務以便更用心地處理。從神經學的角度來看，我們不可能專注在某件事上同時又反思那件事，所以進入分散注意力

---

* 大腦的預設模式，也就是我們進入分散注意力模式時啟動的網絡，其實非常強大，不僅僅是因為那些幻想讓我們有身歷其境的感覺而已。大腦網絡中的異常活動（尤其是無法抑制的網絡活動）與憂慮、焦慮、注意力不足過動症、創傷後壓力症候群、自閉症、思覺失調症、阿茲海默症以及癡呆症有關。[9]一般來說，這個區域活動愈多是有益的。研究發現，「智商較高的人（讓注意力休息時），腦中（預設模式）的連接性，尤其是長期的連接性，比智商普通的人更強。」[10]

模式變得很重要。[11]不進入分散注意力模式，就永遠不會思考未來。當你從寫電子郵件、草擬報告或規劃預算中抽離時，才有可能思考完成任務的其他方式。

大腦放空時，有**48％**的時間是在思考未來，比思考過去和現在的時間加起來還多。*我們通常是思考不久的將來，有44％的想法與當天稍晚發生的事情有關；40％與明天有關。這些時間大多用來規劃未來[12]，因此分散注意力模式讓我們更明智、更有目的地行動。[13]

生命中的每一刻都像是「多重結局的冒險故事」，持續提供不同的選擇，讓你決定未來的道路。分散注意力模式讓我們更能想像那些道路：我該跟那個獨自坐在咖啡廳角落的帥哥／美女搭訕嗎？我該接受那份工作機會嗎？我該點哪種蛋？這種模式也讓我們更能權衡每個決定和每條道路的結果。思考未來時，我們暫時關閉慣性模式，有足夠的空檔退後一步，在習慣與常規為我們自動做出決定之前，思考自己想要如何行動。

---

* 你可能注意到了，這些比例加起來不是100％，剩下16％的時間，大腦是神遊到其他地方，例如串起各種想法或是完全放空。[14]

研究人員認為，大腦容易神遊到未來是因為我們對前景的偏好（prospective bias）。這種傾向使我們把一半的分散注意力模式時間花在規劃上。† 我們集中注意力時，幾乎不會思考到未來。分散注意力時，思考未來的機率是平時的 14 倍。分散注意力模式讓我們更有目的地工作，因為大腦會自動比較未來與現在，從而改變現在，實現未來的理想。[15] 我們沉浸在當下的活動時，只有 4％ 的時間想到目標；但是在分散注意力模式中，有 26％ 的時間會想到目標。[16] 投入任務的空檔時，你花愈多時間進入分散注意力模式，而不是沉溺於令人分心的事物中，行動會變得更深思熟慮、更有生產力。

研究顯示，分散注意力模式除了幫你規劃未來、養精蓄銳、串連想法以外，也讓你：

• 增強自我意識。

---

† 這種「前景偏好」可能是我們休息時比較喜歡滑臉書，而不是放任大腦神遊的另一個原因。這種偏好讓我們想要了解及預測未來。看到朋友的臉書動態更新，幫我們更了解未來。研究大腦神遊的專家指出，這是我們喜歡以刺激的分心事物填滿放空時間的原因之一。

- 更深入地醞釀想法。
- 更有效率地記住和處理想法與有意義的經歷。
- 反思過往經驗的意義。
- 更有同理心（分散注意力模式讓你更能設身處地為他人著想）。
- 更慈悲為懷。[17]

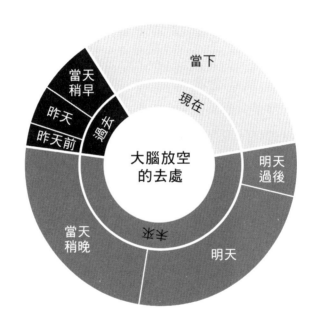

分散注意力模式的三種類型

　　就某方面來說，分散注意力模式相當奇妙，因為放任大腦神遊不需要什麼指導。極度專注力模式可能很難做到，但我們每天在不費吹灰之力下，已經有 47％的時間處於注意力渙散或大腦放空的狀態，類似於分散注意力模式。

　　大腦神遊的方式有兩種：一種是在不知不覺中發生，另一種則是刻意放任大腦。不知不覺放空是無意間發生的，你並沒有刻意進入那個狀態，這也是我區別「大腦神遊」和「分散注意力模式」的關鍵。分散注意力模式永遠是刻意為之。

　　刻意釋放你對注意力的掌控，乍聽之下似乎很怪。但是實際上，在某些大腦狀態下，你對注意力的掌控甚至比分散注意力模式還少，例如極度專注力模式。

　　在探索大腦神遊方面的領域中，史庫勒和史默梧是最傑出的專家，他們都認同這點。我訪問史默梧時，他舉看電影為例：「當你坐下來看《黑色追緝令》（*Pulp Fiction*），導演昆汀·塔倫提諾（Quentin Tarantino）以整部電影的結構限制你的思緒。你看電影時，不需要做任何事情，所以覺得很放鬆，他掌控了你的思緒。」

研究也顯示，我們注意到大腦放空的次數大約是一半。但是，我們專注於某件事的時候，反而不會注意那麼多。史庫勒甚至比史默梧更進一步主張，如今我們對大腦神遊的一大誤解是：「所有放空都是在無意間發生的，毫無意圖。」

意圖是讓分散注意力模式如此強大的原因。我們要刻意安排才能進入分散注意力模式，需要用心注意思緒飄到哪裡。

我覺得區分幾種不同類型的分散注意力模式很有幫助：

1. **捕捉模式**（capture mode）：放任思緒四處漫遊，捕捉任何冒出來的想法。
2. **解題模式**（problem-crunching mode）：腦中隨意想著一個問題，讓思緒繞著問題打轉。
3. **習慣模式**（habitual mode）：一邊執行簡單的任務，一邊捕捉腦中浮現的寶貴構想和計畫。研究發現，這種模式最強大。

這三種模式中，捕捉模式最適合用來識別當下的想法；解題模式最適合思索特定的問題或想法；習慣模式最適合用來充電，也是串連最多構想的方法。

捕捉模式

我在第五章提過，清除腦中尚未解決的雜念，是提高生產力的有效方法。腦中存放的待辦事項、邀約和未完成的任務愈少，你想集中注意力時，搶占你注意力空間的東西愈少。

多年來，我每週安排一、兩段 15 分鐘的時間放任思緒漫遊。這段時間裡，我可以捕捉任何有價值、可行動的素材。這個練習就像旁邊放著一杯咖啡，拿著紙筆坐下來，等著看腦海中浮現什麼構想。這段思緒漫遊的時間結束時，筆記本通常已經寫滿：我隨手寫下該聯繫的人、該做與該追蹤卻一直擱著沒做的事、該恢復往來的朋友、解決問題的方法、遭到遺忘的任務、家務、與應該設定的目標等。每次做完這個小小慣例，我總是感到精神為之一振，因為大腦也獲得了休息。

第四章提過，未解決的任務、專案、約定會積壓在腦中，產生壓力，或許是因為大腦把它們視為威脅。在捕捉模式下，任何未解決的雜念或專案都會浮現在腦海中，等著你記錄下來，稍後再去處理。大腦漫遊時容易想起這些未解的事情，這也是分散注意力模式如此寶貴的部分原因，它讓我們更容易破解那些未解決的問題。

為了舉例說明，我剛剛讓電腦進入休眠狀態，計時 15 分鐘，開始捕捉浮現在腦海中的一切想法。在短短的 15 分鐘內，我注意到下列待辦事項：

- 為這本書的完稿時間畫一張時間表。
- 聯絡編輯在上一本書的謝辭中增添一個名字。
- 記得去拿良民證（為了去夏令營當志工）。
- 本週末把良民證帶去渥太華。
- 今晚的程式設計課要上完下一個單元。
- 預約本週稍後的按摩時間。
- 列出今天該完成的重要事項清單：完成這本書的這個單元，做一個小時的無聊實驗，為網站寫一份簡短的電子報，向讀者徵求實驗的新構想。

除了捕捉這些任務，我的思緒大多漫遊到你料想得到的地方：主要是未來和現在，還有一些時間是思考過去。值得一提的是，幾天後，我又重複同樣的捕捉流程，依然可以寫滿幾頁的筆記。

這三種分散注意力模式中，你可能最排斥捕捉模式，至少一開始是如此。很多人覺得這個流程很無聊，但正是因為無聊，才能讓大腦思緒遊蕩，騰出空間讓各種想法浮上注意力空間的表面。當你排除各種令人分心的干擾時，很自然會把注意力轉向內在，因為你的想法變得比外在的環境更有意思。

解題模式

為特定的問題進行腦力激盪來找出解決方法時，解題模式最實用。

為了進入這種模式，你需要在腦中隨意想著一個問題，讓思緒繞著那個問題打轉，從各個角度反覆思索及探究。每次大腦又去想不相關的事情或卡在某一點時，可以輕輕把注意力拉回來你想思考或解決的問題。

解題模式讓你以更有創意的方式解決複雜的問題，提供非直覺的解決方案。那是你認真拿著紙筆、絞盡腦汁思考，也不見得會想到的另類解法。由於你以分散注意力模式投入習慣性任務時，也會體驗到同樣的解題效益（以及其他好處），所以我建議你偶爾使用解題模式就好，把它留給你面臨的最大問題。例如，下列情況值得採用解題模式，你正在：

- 考慮要不要離職接任某份新工作。
- 草擬一份重要信件給公司的領導團隊。
- 考慮棘手的人際關係決策。
- 腦力激盪如何拓展業務。
- 從三間不同的房子中決定該買哪間。
- 為團隊挑選最適合的潛在新進成員。

我構思這本書的架構時，常進入解題模式。我是在划船或在街上遊走時這樣做，口袋裡塞著小筆記本。想好架構後，對出版社推銷那個概念以前，我約有 25,000 字的研究筆記尚未整理。在我腦中，那些概念亂七八糟、毫無頭緒。我決定藉這個機會驗證前述研究結果，分散注意力，給予大腦足夠的空間，串連那些捕捉到的想法。我把研究筆記列印出來（進入解題模式以前，先檢閱問題很有幫助），接著趁出外散步、聽音樂或搭飛機時，讓大腦漫遊一、兩個小時。幾週內，我逐漸釐清頭緒，把那些研究筆記整理成類似書的樣子。

解題模式給予大腦空間和自由，讓思緒可以大躍進。如果你不能以傳統的方法解決特定、非直覺的問題，就進入解題模式。每次我進入解題模式的時間約30～60分鐘，因為時間太長時，我會開始感到煩躁。你可以自己試試看，怎麼做最適合你。

習慣模式

習慣性的分散注意力模式效果最強大，我也建議大家經常採用。（我把它排在最後，是因為一般人可能會想要略過另外兩種模式。）

習慣性的分散注意力模式就像另外兩種模式，做法很簡單。你只要做不會占用太多注意力的習慣性任務就好，讓大腦去漫遊並把構想串連起來。這樣做之所以有效有很多原因。

首先，你以分散注意力模式從事感覺很愉悅的習慣時，那種**分散注意力模式其實很有趣**。讓大腦繞著某個想法打轉或者捕捉浮現的想法，有時可能會覺得很乏味，但是當你搭配喜歡的習慣時（例如走路去買咖啡、做木工或游泳幾圈），分散注意力模式變得更有樂趣。而且，你愈快樂，收穫愈多。好心情其實會**擴大注意力空間**，讓思維變得更開闊。[18] 注意力空間對分散注意力模式及極度專注力模式一樣重要，那裡是大腦的暫存記憶區，用來將構想串連起來。好心情可以讓大腦更有效率地漫遊，因為你比較不會沉湎於負面的往事。[19] 你做令人愉悅的事情時，也會更常想到未來[20]，大腦的前景偏好變得更強烈[21]。此外，由於做簡單、令人愉悅的活動不太需要花費心思及自律，你可以趁分散注意力的時候好好充電，養精蓄銳。

習慣性任務除了比較有趣以外，相較於切換至嚴苛的任務、休息或不休息，研究顯示**習慣性任務可以促成最多的創意發想**。[22] 尤其當你稍微抽離問題時，更是如此，無論是你不知道該如何為短篇故事收尾，或苦思重

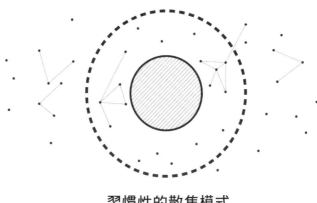

習慣性的散焦模式

要報告的措辭。做習慣性任務時，也比較容易注意到你的想法 [23]，因為你有更大的注意力空間去覺察想要關注的想法。再次強調，這種「注意覺察」是關鍵，不管想法多有創意，只要你沒注意到它，仍舊一無是處。

習慣性任務也會鼓勵思緒持續漫遊。當你讓大腦休息和漫遊時，可能會想在完成習慣以前，持續處於分散注意力模式中。習慣就像一個「錨」，持續地指引著你，直到你完成任務為止，這可以讓你堅持得更久。

為了練習習慣性的分散注意力模式，你可以挑一種熱愛的簡單習慣。接著，啟動那項習慣，不做其他事情，放任思緒開始漫遊。習慣性任務愈簡單愈好，例如散步比聽音樂或讀書更能發掘深刻的見解及串連構想。只要你有多餘的注意力，好的想法自然會浮現在腦海中。

如果你注意到思緒飄到過去或毫無生產力的地方，就讓它漫遊吧（或者，你也可以引導它去想別的東西），這是解題模式和習慣模式不同的地方。在解題模式下，你把思緒拉回正在處理的問題；在習慣模式下，你是放任思緒隨意聯想。

你也可以用習慣性的分散注意力模式執行每天必要的任務，一次只做一件簡單的事情（例如喝杯咖啡、走路上班或洗衣服）確實美好又單純。分散注意力模式在任務與任務之間的空檔變得特別重要。刺激的電子裝置及令人分心的干擾因素不僅會打亂注意力，它們就像水一樣滲入日常生活中，偷走我們用來規劃未來及串連構想的寶貴時間和注意力。

許多人之所以感到精疲力盡，主要原因之一是從來不讓注意力休息。你可以今天就試試這個做法：去買咖啡或吃午餐時，不要隨身帶著手機，讓思緒漫遊。光是這樣簡單的決定，就可以產生顯著的效果。如果你和某人共進晚餐，對方起身去洗手間時，你不查看手機，那頓飯會變得更有意義，也更難忘。讓注意力休息一下，你就有足夠的注意力空間，反思剛剛的談話以及對方對你的意義。

我冒著重複太多次的風險，還是要再次提醒你：**練習習慣性分散注意力模式的關鍵，是經常檢查注意力空間裡有什麼想法。**這一點特別重要，因為這時有較多事情同時爭奪你的注意力。當你很容易沉浸在所選擇的習慣性任務時，要謹記這個建議。有時我是在 iPad 上玩簡單的重複遊戲，藉此進入習慣性分散注意力模式。那款遊戲讓我的思緒開始漫遊，正面思考，我在過程中得到大量的構想。（誰說電玩沒有生產力？）由於那款遊戲已經變成習慣，玩遊戲時我還有額外的注意力，但我依然**必須**記得持續檢查占據注意力空間的是什麼。因為遊戲是新奇又愉悅的關注焦點，若不經常檢查注意力空間，玩遊戲的過程大致上只是在浪費時間和注意力。

就像另外兩種分散注意力模式一樣，進入習慣性分散注意力模式時，一定要有筆記本在身邊，你會需要用到它。

兩種模式相輔相成

練習刻意的分散注意力模式時，有很多方法可以引導大腦以更有生產力的方式漫遊。幸好，你已經在本書第一部學到全部的技巧了！

在很多方面，極度專注力模式和分散注意力模式可說是南轅北轍。極度專注力模式是全神貫注在一件事上；分散注意力模式是不特別專注在任何事上。極度專注力模式是把注意力導向外在，分散注意力模式是把注意力導向內在。極度專注力模式是強調注意力集中，分散注意力模式是強調注意力分散。在神經學層面上，這

親自試驗

如果你還沒做，請安排時間嘗試這幾種分散注意力模式。只有親自試過本書的建議後，這本書才有效果。在你的行事曆上騰出一段時間，進入捕捉模式或解題模式，或挑一項你每天很喜歡的簡單任務，或是令人愉悅的例行公事，讓思緒在習慣性分散注意力模式中漫遊。然後，捕捉腦中浮現的寶貴素材與串連的構想。雖然大腦一整天經常神遊，但那些神遊大多是不自覺發生的，也不是那麼有趣。你應該設定一項目標，刻意在今天找個時間進入分散注意力模式，即使是幾分鐘也行。史庫勒也支持這項觀點，他告訴我：「我希望每個人都知道如何實驗這個概念，每個人都有一套獨特的思緒漫遊方式，因此效用各不相同。我們都需要找出思緒漫遊對個人生活的助益，以便好好善用它。最棒的是，這是一種觀察及反省自己的私人體驗。」

兩種大腦模式甚至是**反相關**（anticorrelated）的，支援分散注意力模式的大腦網絡啟動時，極度專注力模式的網絡活動會驟然大減，反之亦然。*但是話又說回來，這兩種大腦模式會相互強化，尤其是用心進入這兩種模式的時候，所以用心練習非常重要。

練習極度專注力模式及用心管理注意力有很多好處：擴大注意力空間，以便同時專注在更多任務上，改善記憶力，讓你更清楚地意識到腦中穿梭的思緒。事實也證明，這三種效益也對分散注意力模式有利。

注意力空間的大小是決定分散注意力模式成效的一大因素。注意力空間愈大，分散注意力模式的成效愈好，因為更多注意力空間可以讓你在分散注意力時容納更多事物。注意力空間對極度專注力和分散注意力兩種大腦模式都很重要：在極度專注力模式中，你專注投入的那件事占據了整個空間；在分散注意力模式中，那個

---

* 如果你對這句話感到好奇，想知道更多：大腦的「任務正向網絡」（task-positive network）支援極度專注力模式，「任務負向網絡」（task-negative network）或「預設模式網絡」（default mode network）是支援分散注意力模式。你關注外在事物時，「任務正向網絡」會啟動，你關注內在時，「預設模式網絡」會啟動。

空間讓你構建、串連新構想,思索未來。

用心管理注意力也可以讓你記住更多,這是經常練習極度專注力模式的第二個好處。你集中注意力時,蒐集和記住的資訊愈多,在分散注意力模式中愈擅長構建構想和未來活動。最近科學期刊《自然》(*Nature*)上有一篇評論指出:「我們可以把大腦視為先天具有前瞻性的器官,它原本的設計就是運用過去和現在的資訊來預測未來。你可以把記憶視為工具,前瞻性的大腦正是用它來模擬未來可能的活動。」[24]

記住過去可以幫我們想像未來,因為我們不可能把沒注意到的想法和資訊串連起來。集中注意力時,把注意力管理得愈好,分散注意力時,就有更多資訊可以擷取運用。下一章將專門討論,精挑細選吸收及注意的資訊有多重要:就像「吃什麼,像什麼」,你吸收什麼資訊,也會變成什麼樣子。一般來說,吸收寶貴資訊可以讓分散注意力模式的生產力更高。

我們討論過的第三個概念是「覺察意識」,以及持續檢查占據著注意力空間的事物的重要性。這不僅可以讓你更集中注意力,在分散注意力時也有幫助。

你可能已經體會到,即使是冥想期間,可能也要花幾分鐘才會注意到思緒飄走了。史庫勒的研究發現，我們平均每小時只會注意到大腦放空 5.4 次。[25] 但是前面提過，大腦有 47％的時間是在放空狀態。由此可見，大腦經常放空很久，我們卻不自覺。我們之所以需要花幾分鐘才意識到大腦放空，有一個很有趣的原因。研究指出，大腦放空時「會劫持辨識放空發生的大腦區域」[26]，所以經常檢查占據著注意力空間的事物變得加倍重要。

你檢查的次數愈多，放任大腦神遊時的生產力愈高。你會更擅長把思緒抽離過往，導向現在和未來。就像擴大注意力空間一樣，研究顯示，練習覺察意識也可以大幅提升分散注意力模式的效果。

對無聊改觀

請誠實回答下列問題：你上次感到無聊是什麼時候？

好好想一想，你還記得嗎？

可能是很久以前吧，也許是電子裝置融入生活以前。古往今來，我們未曾像現在這樣，把注意力分散在那麼多事物上。乍看之下，這似乎是好處，畢竟我們隨時都有事做。但是壞處在於，那些令人分心的裝置基本上也消除了生活中的無聊。

你可能會問：擺脫無聊不是好事一樁嗎？不見得。無聊是我們轉入低刺激情境的感受。當我們突然被迫去適應那種低刺激的情境時，最常產生這種感覺，例如週日下午想找點事做，或者從寫電子郵件切換成開累人的會議。

當我們可以隨時抓個電子裝置殺時間，或瀏覽充滿刺激的網站時，隨時隨地都有東西可以娛樂我們，無聊也離我們而去。所以，我們通常不會注意到，自己需要適應低刺激的情境。事實上，當我們真的必須做正事時，常常得把注意力從這些裝置拉回來。

我非常喜歡親身實驗自己提出的建議，因為許多表面上看來不錯的建議其實行不通。最近，我為了確定無聊是不是真的是一件好事，親身做了實驗。少量的無聊是否有助於提高生產力？無聊和分散注意力模式有什麼不同？抗拒無聊是對的嗎？

在長達一個月的實驗中，我刻意每天讓自己感到無聊一個小時。在那段時間裡，我排除所有的干擾，把時

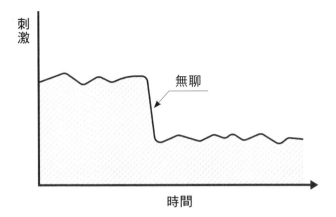

間和注意力花在非常無聊的任務上。那些無聊任務是我向網站讀者募集的構想,並且從中間挑出 30 項最詭異的建議。

1. 閱讀 iTunes 的使用條款及細則。
2. 盯著天花板看。
3. 看 C-Span 3。(譯注:美國有線電視頻道,主要轉播聽證會、議員演說與選舉辯論等。)
4. 打電話去加拿大航空公司的行李提取處,被對方晾在電話線上等候。
5. 看 C-Span 2。(譯注:美國有線電視頻道,主要轉播參議院。）

6. 看著我的寵物龜愛德華在水族箱裡游來游去。

7. 盯著緩慢旋轉的風扇葉片。

8. 只用一種顏色畫一幅小畫布。

9. 看油漆變乾。

10. 從辦公室的窗戶往外看。

11. 用鑷子把草莓表面的種子取下來，再數一數有幾顆。

12. 看著草生長。

13. 凝視火車的窗外。

14. 上網看西洋棋比賽。

15. 看著空中的一朵雲。

16. 在醫院等候。

17. 看著水龍頭滴水。

18. 熨燙所有衣物。

19. 數圓周率前 10,000 位數中有幾個 0。

20. 看著女友讀書。

21. 在一張紙上畫無數多個點。

22. 獨自去餐館用餐，不帶書和手機。

23. 閱讀維基百科上有關繩子的文章。

24. 凝視著時鐘。

25. 看著每個檔案從我的電腦傳到外接硬碟，再傳回電腦。

26. 為五顆馬鈴薯去皮。

27. 看著水壺煮水沸騰。

28. 參加拉丁語的教堂禮拜。

29. 看 C-Span。（譯注：美國有線電視頻道，主要轉播眾議院。）

30. 不斷把小石塊從一個地方搬到另一個地方。

　　每個小時內，我會隨機查看腦子裡正在想什麼：浮現的念頭是正面的、負面的，或中性的；思緒是集中在某件事上，還是四處遊蕩；那些想法有多少建設性；我的感受；從上次隨機查看到這次隨機查看，預估經過多長的時間。

　　這項實驗的某些結果其實一點也不足為奇。外在環境變得不那麼刺激時，我的注意力自然而然地轉向內在，腦中的思緒遠比外在環境有趣及刺激。就這方面來說，無聊其實是一種沒必要的分散注意力狀態。我依然發現大腦在規劃未來，處理構想，在過去、現在、未來之間跳躍，就像習慣性分散注意力模式那樣。然而，相較之下，我並不是那麼樂在其中，也沒有繼續下去的欲望。

這項實驗也產生一些意想不到的附帶效果。其中一個令我感到特別不安的是，在缺乏刺激下，我會本能地去尋找一些令人分心的事物占用注意力空間。例如，我用鑷子拔掉草莓的種子，或是讀維基百科上有關繩子的文章時，我發現自己一直想找別的事做，任何事情都行：清理雜物、拿起電子裝置等等，只要能讓我的注意力抽離腦中想法的任何東西都可以。當時如果能電擊自己，我可能也會無聊到試試看。我們的大腦習慣持續的刺激，而且會主動尋找刺激，彷彿任何刺激都是好事，但其實不然。

這本書裡有很多技巧是教你如何把工作和生活變得不那麼刺激，這並非巧合，因為你愈不受刺激，思考也會更深入。每次我為了刺激而避開無聊時，就無法規劃、挖掘腦中孕育的想法，或是養精蓄銳以便稍後更有活力及用心地做事。

這不是說無聊其實很有用。無聊與習慣性的分散注意力模式不同，它會讓人感到焦慮、不安和不舒服，都是我實驗時經常出現的感覺。我也不希望任何人感到更加無聊，而是希望大家多嘗試著放任大腦神遊。幸好，無論是分散注意力模式或無聊的時候，大腦思緒都是飄到相同的地方。所以與其陷入無聊，不如投入分散注意力模式。那是在我們受到較少刺激下，讓大腦神遊，但這是刻意為之。

以前，有一種應用程式名叫「磁碟重組工具」（Disk Defragmenter）。那個年代，每台出廠的電腦都內建一個運作緩慢的硬碟機，裡面預先裝了這個程式。每當電腦運作遲緩時，程式就會重新排列不連續的檔案區塊，讓它們更密集地儲存在硬碟中。如此一來，就可以大幅提升電腦的運作速度，因為硬碟不需要再瘋狂地運作，以搜尋某個檔案的元素。

不管你是否熟悉電腦技術，每次使用那個應用程式總是給人一種奇怪的滿足感，甚至覺得賞心悅目。因為螢幕上會呈現檔案區塊分散在長條矩形裡的圖像，執行程式時，圖像會重新排列及清理區塊。

我們的大腦思維也是以類似的方式運作，在任務與任務之間騰出空檔以重組思緒。這可以幫我們想得更清楚，把更多注意力用來處理關係、經驗、想法，以及難解的問題。在那些時刻，無聊和分散注意力模式是很強大的力量，因為它們讓人進行有益的自我反省。

希望你也認同，這些活動的空檔跟活動本身一樣有價值。現在是重新掌握這些空檔、好好利用的時候。

| 07 |
恢復注意力

「休息不是怠惰，夏日偶爾躺在樹下的草地上，聆聽潺潺流水，或看著白雲飄過藍天，絕對不是浪費時間。」
—— 約翰・盧伯克（John Lubbock），
《生活之用》（*The Use of Life*）

何時該充電？

分散注意力模式除了讓你更常設定目標與提升創意以外，也能幫你充電，恢復活力。

精力多寡會影響我們集中注意力的效能。上次你少睡幾個小時或略過休息空檔後，可能已經有這種感受。那時，衡量注意力品質的三個指標可能都下降了：無法長時間專注，令人分心的干擾更常吸引你的關注，也發現自己更常陷入慣性模式。

本章的主旨很簡單，我們愈常進入分散注意力模式以恢復活力，就愈有精神從事最重要的任務。一整天下來，隨著精力持續消耗，我們集中注意力的能力也會跟著下滑。適時地充電很重要，值得你投入時間。

研究顯示，注意力空間會隨著精力多寡而擴大或縮小。例如，充足的睡眠可以增加 58% 的注意力空間，經常休息也有同樣的效果，[1] 最終將影響生產力。當注意力空間擴大約 60% 時，生產力也會等量提升，尤其從事艱難任務的時候，休息得愈充分，工作生產力就會愈高。

極度專注力模式也可能令人疲累，因為我們必須自我規範行為，持續耗用有限的精力。最終，精力會衰退，導致我們更難專注在眼前的任務上。注意力空間會收縮，需要適時充電。

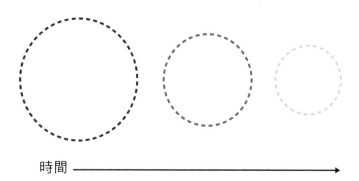

隨著時間經過，注意力空間的變化。

時間

下列很多跡象顯示你已經精神不濟，應該刻意進入分散注意力模式以恢復注意力：

- 常在任務之間切換，無法持久專注在一件事情上。
- 失去目標，以比較被動的方式工作。
- 以明顯較慢的速度完成任務（例如，需要多次閱讀同一封重要的郵件才理解內容）。
- 選擇做不太需要動腦筋、不太重要的事，例如查看電子郵件、登入社群媒體。
- 不自覺陷入分散注意力模式。

多休息幾次

很多人耗費太多時間做那些不開心的工作。做喜歡的工作時，不像做討厭的工作那麼累人。做討厭的工作時，要花費較多心力集中注意力。你愈在乎的事情，投入注意力所得到的收穫愈多。研究也顯示，做真正喜歡的事情時，大腦比較不會放空。[2]

分散注意力模式除了具備前述好處，多練習也可以提供你不需要自律的空檔。當你不需要花心思自律行為，就能夠恢復活力。即使只是練習分散注意力模式五到十分鐘，也能讓大腦休息，恢復有限的精力。

研究顯示，令人神清氣爽的休息有以下三種特質：[3]

- 不費勁、習慣性的。
- 是你真正想做的事。
- 不是雜務（除非你真的很喜歡做雜務）。

簡單來說，休息應該是做輕鬆愉快的事情。

悠閒的休息所產生的效益，跟習慣性分散注意力模式一樣。你為更多構想和見解創造注意力空間時，思緒會飄到未來。悠閒的休息也讓你再次投入工作時更有活力。[4]

工作的休息空檔通常不是那麼神清氣爽，因為我們常利用工作空檔登入社群媒體或查看新聞，以其他的方式分散注意力，而不是刻意讓大腦休息。這些「休息」其實只是與工作無關的活動，然而還是需要占用注意力，所以並沒有機會好好充電。結束這種休息空檔、再次投入工作時，我們只有精力以慣性模式工作，查看是否有新郵件進來，做一些不必要、令人分心的雜務，而無法清晰及用心地思考。

令人神清氣爽的愉悅休息活動有很多種，每一種都可以讓你體會到習慣性分散注意力模式的巨大好處，又不會在休息結束時害你失去極度專注的能力。

挑一項你喜歡的活動，最好是你工作那天可以做一、兩次的事情，並且把活動設成你明天的目標。例如在辦公室裡走動、上健身房，或是跟幾位讓你充滿活力的同事在一起，這些活動是讓大腦真正休息的好方法。在那短暫的空檔中，要抗拒盲目分心的衝動。以我為例，我工作時每隔一小時左右會讓大腦好好休息，恢復活力。我喜歡趁這個時間去附近的咖啡店，不帶著手機、去健身房、找一、兩位同事聊聊或是聽播客。

下列是一些可以讓我及我指導的學員恢復活力的休息活動：

• 在大自然中散步。*

---

* 如果我納入有助於提高注意力的所有主題，這本書應該會有上千頁。不過，這裡值得特別強調：走進大自然可以幫你放鬆及恢復活力。這種活動可以讓你在創意解題的績效提升50％，降低體內的壓力荷爾蒙約16％，使你變得更冷靜，也讓心情更愉悅。研究

- 到外面跑步，或使用公司或附近的健身房。
- 冥想（尤其辦公室有個令人放鬆的空間時）。
- 閱讀與工作無關的有趣東西。
- 聽音樂、播客或有聲書。
- 和同事或朋友相處。
- 把時間花在發揮創意的嗜好上，例如繪畫、木工或攝影。

你挑選喜歡的休息活動時，就可以一邊休息充電，一邊體驗習慣性分散注意力模式的效益。

抓準休息時機

何時該休息？休息的頻率該如何拿捏？

由於每個人的情況各異，休息的頻率和長度取決於無數因素。就像你必須嘗試多種方式，以打造個人化的無干擾模式一樣，你也需要多方嘗試，才知道什麼活動

甚至發現，「住在樹木較多的街區，對心臟和代謝健康的促進作用，相當於年收入多 20,000 美元的效益。」[5] 人類的演化讓我們在大自然中蓬勃發展，而不是在都市叢林裡汲汲營營。

可以帶來最多活力。例如，如果你的個性內向，但工作需要與一大群人社交互動[6]，可能就需要更頻繁地休息。同樣地，如果你很內向，但在開放式辦公室裡工作，整天下來可能需要休息更多次。[7]

如果你覺得自己沒有太大的動力執行某項專案，可能也需要頻繁地休息充電。你愈需要經常自律（例如抵抗干擾和誘惑，或督促自己完成任務），就愈需要充電。（這也是截止期限如此有效的原因，它可以逼你專注在某件事情上。）當你覺得某件任務給你很大的動力，投入任務就不費吹灰之力；如果你無法忍受工作，知道再多生產力技巧也無濟於事。[*]

關於休息的效益，研究指出兩項簡單的原則：

1. **至少**每 90 分鐘休息一次。
2. 每工作一小時，休息約 15 分鐘。

以一天工作八小時來說，乍看之下好像休息很多。

---

[*] 有一項有趣的觀察現象：一個人受到金錢的驅動愈少，最後賺的錢反而愈多。金錢、名譽、權力都是外在目標、身外之物，它們給人的動力強度不如內在目標（例如成長、社群、助人）。

但是事實上，這相當於午間休息一小時，上午和下午各休息 15 分鐘。多數情況下，這兩項原則其實很務實，並不會影響到工作的行程安排。

為什麼是「90 分鐘」這個奇妙的數字？因為大腦的活力通常是 90 分鐘一個波段，上下波動。睡眠週期也是 90 分鐘一個波段，在淺眠、深眠、快速動眼期（REM）之間交替。睡醒後，我們的精力繼續依循著同樣的節奏：靜下來做事約 90 分鐘，接著感到疲憊一小段時間（約 20～30 分鐘）。每工作 90 分鐘做一次短暫的休息，可以善用這種活力循環的自然波動。發現注意力開始渙散或完成大任務以後，休息一下，這樣做可以

雇用價值觀相同的人

如果你是管理階層，雇用那些非常認同公司價值觀的人是最好的決定。經理人常根據數據事實提高團隊的生產力。他們雇用高技能的人才，但那些人往往是為了薪水而工作。

減少注意力殘留，讓思緒有機會遊走。[8]

　　適時地休息，就能運用更多活力創造最大的生產力，並且在精力自然下滑時，補充能量。研究顯示，精力渙散時，創意最旺盛，因為這時大腦最不受壓抑，可以讓更多構想浮上腦海。所以精力渙散時最適合進入分散注意力模式。從早上開始，注意精力的上下波動，當你感到精力開始下滑時，就用心休息。下午時，精力會稍微穩定一些，下降較小，但最後維持類似的步調。

　　為什麼工作一小時最好休息 15 分鐘呢？這方面並沒有很多可靠的研究，但有一家公司確實算過數字。DeskTime 是一種追蹤時間的應用程式，可以自動追蹤你打開的電腦程式，在一天結束時檢視當天的生產力。這個程式的開發商從資料庫裡挑出生產力最強的 10% 用戶，並分析他們的休息資料。結果發現，那些用戶平均每工作 52 分鐘，就休息 17 分鐘。[9]

　　配合工作習慣調整休息時間非常值得。如果你習慣在早上喝第二杯茶或咖啡，可以選在工作 90 分鐘後喝，並在那段空檔讓大腦好好休息。與其在電腦前匆匆嚥下午餐，不如好好享用午休時間，讓你為下午的衝刺養精蓄銳。中午出外用餐或閱讀好書時，把手機留在辦公室裡，讓大腦進入分散注意力模式。放任思緒神遊的同時，別忘了記下浮現的想法和構想。下午可以喝一杯無咖啡因的咖啡，或善用公司的午睡室、冥想室或健身房。

最好的休息時間是在需要休息之前。就好像你口渴時，可能已經脫水了，等你感到疲勞時，注意力和生產力可能都已經渙散了。

睡眠

說到休息，絕對不能遺漏睡眠。

我認為有一條睡眠原則很值得注意（雖然可能有點偽科學的成分）：**每少睡一小時，隔天就損失兩小時的生產力**。這條原則沒有科學根據（睡眠跟休息一樣，因先天體質不同而需求各異），但睡眠量對每個人都很重要，尤其是從事知識工作的人。為了工作更久而犧牲睡眠時，付出的代價往往比報酬更多。

睡眠不足時，注意力空間可能縮小多達 60％。疲憊時，複雜的任務可能要花平時兩倍以上的時間才能完成。[10] 我們的自我意識也會降低，減少審視注意力空間的次數。[11] 如果是做不太需要動腦的任務（例如把資料複製到試算表中），在注意力空間縮減下，工作並無大礙。但是，想專注做複雜任務時，生產力就會大打折扣。多數情況下，減少工作時數並獲得充足睡眠，會比在疲憊狀態下工作一整天的效果更好。有些人宣稱他們需要的睡眠時間比其他人少，但那有可能是因為他們的工作沒那麼複雜；或者他們若是休息更久，其實可以做得更好、更多。更糟的是，睡眠不足會使我們誤以為工作生產力比實際好。[12]

儘管我們一生中有三分之一的時間是處於睡眠狀態，但我們對睡眠時發生的事情知之甚少，原因有很多：大腦非常複雜，大腦掃描裝置又非常昂貴，掃描器的噪音往往會干擾受試者的睡眠後期階段（淺眠階段）。[13] 然而，有些研究確實讓我們窺見睡眠中大腦的運作，那些研究非常有趣，尤其是探索睡眠和分散注意力模式之間的相似性。

如果你讓睡眠中作夢的人和另一個作白日夢的人分別掃描大腦，會發現一個奇怪的現象：兩個大腦的掃描圖出奇地相似。睡眠作夢和分散注意力模式的白日夢，啟動的是相同的大腦區域，不過睡覺時這區更為活躍。就神經學來說，睡眠作夢有如分散注意力模式的加強版。[14]

　　仔細思考這兩種模式時，會覺得兩者相似得很有道理。睡眠及分散注意力模式結束後，我們都覺得更有活力。無論是睡覺，還是作白日夢，大腦都是漫遊到相同的地方，例如過去的遺憾、對未來的幻想和焦慮，以及我們的人際關係（雖然做夢時的思緒比較跳躍）。在睡眠和大腦神遊期間，大腦有機會整理思緒，也強化學習及處理的資訊。在這兩種模式中，大腦發射訊號時有點隨機，有助於產生創新靈感（以及一些隨機、無用的素材）。這也難怪無數的絕妙構想是在睡夢中浮現，例如保羅・麥卡尼（Paul McCartney）為〈Yesterday〉創作的旋律，德米特里・門得列夫（Dmitry Mendeleyev）創造的元素週期表，傑克・尼克勞斯（Jack Nicklaus）改進的高爾夫揮桿法。

　　睡眠不足除了有損生產力，也會使工作付出代價。研究顯示，睡眠減少時，我們會：

- 覺得工作壓力更大。
- 專注時間較短（甚至少於 40 秒）。
- 更常逗留在社群媒體。

- 更常出現負面情緒。
- 積極尋找比較不費神的任務。（注意力空間縮小，所以排除那些不適合塞進注意力空間的任務。）
- 浪費更多時間瀏覽網站。[15]

這種現象最常出現在 19 ～ 21 歲的人身上，這個年齡層的人比其他年齡層更喜歡延後睡眠時間，他們平均的就寢時間是在午夜前後。[16] 由於多數人需要約八小時的睡眠，午夜時就寢難以為翌日的工作生產力做好充分的準備，除非你的工作時間很有彈性，可以晚點起床。

休息不是偷懶

當你工作太多、時間太少時，常覺得抽空休息有點過意不去，甚至會感到內疚，那往往只是一種自我懷疑罷了。你一想到休息的機會成本，就會開始思考，應該拿休息的時間做哪些更有意義的事。休息感覺不像做正事那樣有生產力，所以你連想要休息都覺得過意不去。

這種想法在實務上並不合理，休息其實是最有生產力的事情之一。前文提過，大腦的精力有限，一旦耗盡精力，注意力和生產力也會跟著消失。[17] 休息不僅能讓你恢復活力，也能避免你遇到極限。

每次休息，都是以時間換取精力，無論短暫休息或是好好睡一覺都是如此。這種時間投資不會消失得無影無蹤，事實上，你應該為沒有休息感到內疚才對。

養成良好的睡前習慣

獲得更多睡眠及改善睡眠品質的最好方法，是養成良好的夜間習慣。由於一天接近尾聲時，精力已消耗得差不多了，那時我們大多是處於慣性模式。建立一套固定的習慣，讓你在就寢前先放鬆。你可以考慮增添下列睡前習慣：閱讀、冥想、關閉網路、喝花草茶，或是乾脆把電視搬出臥房。電視是一種方便的關注焦點，遠比睡眠更有刺激性。在適當的時間就寢，是獲得充足睡眠的最好方法。雖然多數人需要在某個時間以前起床，但夜間作息通常比較有彈性。

本書中，我經常請你回顧工作和生活的狀況，例如想想何時最專注、最有創意。我這樣做是有原因的，因為這種內省可以讓你更了解自己。想要變得更有生產力、更有創意、或者更專注於工作，其實你已經掌握住很多相關資料。你只要回想一下，自己何時最有生產力、最有創意或最快樂，然後思考是哪些條件促成那種狀態就好了。

　　在此也值得做類似的練習。回想一下，最近你做事最有活力的情況。或許那段期間你剛好有利用午休運動的習慣，或是那段時間休息得比較頻繁。那些日子你能完成多少工作？

　　多休息絕對可以讓你以更聰明的方式工作，而且完成得更多。諷刺的是，你愈是忙得不可開交，反而愈需要休息。在這種忙得焦頭爛額的時候，你可能覺得事情多到難以招架，分散注意力模式提供的觀點反而可以讓你受惠。

　　這是本書篇幅最短的一章，因為主旨很簡單：分散注意力模式除了可以幫我們規劃未來與變得更有創意，也可以幫我們恢復極度專注的能力。

| 08 |

串連資訊點

「我沒有比較聰明，只是和問題周旋得比較久罷了。」

—— 愛因斯坦（Albert Einstein）

變得更有創意

分散注意力模式除了幫助你規劃未來、恢復活力以外，也可以讓你變得更有創意。利用這個模式變得更有創意的方法有兩種：一、串連更多資訊點（dot）；二、蒐集更多寶貴的資訊點（下一章主題）。

極度專注力模式是全神貫注在一件事上，可以讓你的大腦變得更有生產力，把資訊和經驗編寫到記憶中便於將來回想，並與周遭的世界互動。分散注意力模式則正好相反，你會抽離當下，串連腦中的資訊點（每一個「點」都是腦中的一則資訊）。

從神經學來看，大腦是匯集很多資訊點的網絡，每次的新體驗都會不斷增添新的資訊點。我們與所愛的人一起創造記憶、學習歷史，或是閱讀歷史人物傳記時，都是在蒐集那些資訊點，藉此幫我們理解創造現今世界的一連串概念。每次犯錯並且坦承錯誤、記取教訓，也都是在累積那些資訊點，並以新的資訊點汰舊換新。我們同樣會從發人深省的對話中獲得資訊點，並且得以窺見知識淵博或價值觀不同的人的大腦，凝望他們思緒中豐富的資訊點匯集。大腦中每一個資訊點都編寫在我們的記憶裡，供日後使用。[1]

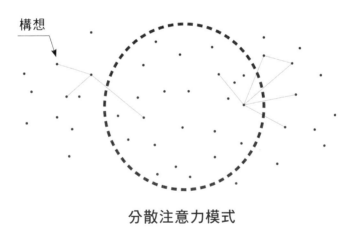

分散注意力模式

進入分散注意力模式時，最能用來形容大腦狀態的詞彙是「隨機」。這個模式會啟動大腦的預設網絡（default network），當我們沒有專心在任何事物上時，大腦便會回歸到這個網絡狀態。*預設網絡廣布在大腦中，就像我們編寫到記憶裡的資訊一樣。分散注意力模式之所以能夠促成那麼多創意，有許多原因。其一是在這個模式下，大腦會自然串連分散的資訊點。這時我們彷彿撒出一張網，撈捕新奇的關連，並在休息及規劃未來的同時，串起腦中散落的資訊點。

　　思緒遊蕩時，我們不見得會意識到注意力空間裡浮動的想法，就像冰山絕大部分的體積位於水面下一樣，思緒的遊蕩流程也是發生在意識深處。由於我們一次只能專注於少量資訊，腦中只有少數活躍連結能夠進入注意力空間。不過，那些隨機的連結夠活躍時，確實會引起我們的關注。我們就是在那一刻意識到，應該雇用的是雪柔，而不是吉姆；規劃該為未來設定的目標；或是

---

* 有點諷刺的是，支援分散注意力模式的預設網絡其實是偶然間發現的。起初，大家都忽視這個網絡。接著，有人把它貶抑成實驗誤差，說那只是大腦掃描機的背景雜訊。最後，科學家才發現研究方法有誤。從此以後，預設網絡躍升為神經科學領域的一大研究課題。[2]

恍然大悟，豁然開朗。

觸發靈感的因子

　　未完成的任務和專案對大腦造成的壓力，比完成的任務還大。當我們屏除那些令人分心的煩惱時，就能集中注意力。因為大腦先天就比較容易惦念著尚未完成的任務，而不是已完成的任務。心理學領域中，這個現象稱為「蔡格尼效應」（Zeigarnik effect），源於率先研究此概念的先驅姓名。[3]當我們想要集中注意力時，蔡格尼效應可能很煩人；但我們想要分散注意力時，情況則正好相反。事實上，它可以為我們百思不解的問題帶來出乎意料的見解。

　　你可能經歷過靈光乍現的時刻。那時，你可能正好在準備早餐、收郵件，或是穿梭於藝廊中。腦中頓時冒出一個構想，解開你暫時擱著不想的某個問題。靈光乍現的剎那間，腦中的拼圖突然一一湊齊，回歸到它們應有的位置。

　　那一刻，你可能正好處於下列兩種狀況：一、你頓時豁然開朗，想通之前費解的問題；二、你正在做不需要全神貫注的事，所以思緒是在神遊狀態。

拜蔡格尼效應所賜，我們把目前煩惱的所有問題都存在腦海中。任何懸而未決的問題，例如未完成的報告、正在做的決定，或是正在回覆的重要電子郵件等，都是大腦迫切想要結案的懸念。因此，我們把每一次的新經歷串連起這些未解決的問題，以發掘新的解方。[4] 習慣性分散注意力模式把這些連結帶進注意力空間中。

我們處於習慣性分散注意力模式時，有兩種東西可能觸發靈感：神遊的思緒和外在環境。要說明這種現象的運作，最好的做法正是舉例說明。

假設我邀請你來我的生產力實驗祕密基地。我先請你坐下來，並計時 30 分鐘，請你解開一道看似簡單的問題：數字 8,549,176,320 可能是世界上最獨特的 10 位數，它為什麼獨特呢？跟其他的數字又有什麼不同？假設你無法在規定的時間內解開問題，這也很合理，畢竟這道題目特別刁鑽。你失望地離開實驗基地，腦中持續掛念著那道問題：8,549,176,320 究竟有什麼特別之處？

目前為止，你百思不解，但已經把問題編寫到記憶中，只要閉上眼睛，腦中就會浮現那幾個數字。（當然，你把複雜的問題記得愈牢，想出創意答案的機率愈大。）這道特別的腦筋急轉彎題目，可能永遠也不會對你造成多大的痛苦。但是為了舉例說明，我們假設問題解不開時，確實帶給你很大的痛苦。

多虧蔡格尼效應，你的大腦會自動把新的經驗和那道問題連結在一起，而且你不見得會意識到大腦做了這種事。你回到工作崗位時，依然深感挫折，數字在腦中揮之不去。你偶爾會發現大腦又想起那道問題，有時甚至在你不想想起時，偏偏又浮上心頭。事實上，你的思緒可能比平時**更**容易遊走，因為要解開複雜問題時，思緒更容易放空，結果導致你在工作上犯的錯誤比平常更多。[5]

當天稍晚，你按字母順序排列整理書櫃時，進入了習慣性分散注意力模式。你拿起李察・柯克（Richard Koch）的著作《80/20 法則》（*The 80/20 Principle*），思考這本書應該擺在哪裡。

> 好吧，忽略「The」那個字。
> 第一個字是 8，所以我要把它和其他以數字開頭的書放在一起。
> 啊，對了，今天去實驗室做的那個問題也是 8

開頭。

　　這時，你突然靈光乍現，想到答案。你覺得好像數十片拼圖突然拼湊出一個圖案。

8,549,176,320。
Eight、five、four、nine……。
A、B、C、D、Eight、Five、Four、G、H……。
實驗裡的那個數字是按照字母順序排列的！

　　以觸發靈感的因子來說，這個例子很直截了當。一般的觸發因子通常比較微妙，會推動你的思緒朝不同方向思考，重新組織那些組成問題的資訊點。我設計這個例子是為了說明一個簡單的概念：習慣性的分散注意力模式會連結起我們正在處理的問題、我們的經歷，以及大腦神遊的去處。

　　靈光乍現是很難研究的課題。為了研究它，你必須先讓受試者在解題時陷入百思不解的狀態，並對問題保持足夠的興趣，這樣他們事後才會想要繼續解開問題。幸好，我們不需要研究結果佐證這些現象，你可能有夠多過往經歷足以應證這一點。

　　觸發靈感的因子非常重要。你看到一隻鳥啄食洋芋片時，可能想到應該清掉廚房裡的洋芋片，才能把最後十磅體重減下來。晨間淋浴時，刻意放任大腦神遊，你可能會想起以前怎麼化解工作上的紛爭，突然意識到今天也可以運用同樣的技巧。在書店裡穿梭時，你注意到一本食譜，因此想起你打算更換廚具，而書店附近正好有一間廚具行。我們的環境與經歷愈豐富，能夠觸發的靈感愈多。

　　回顧歷史上那些最特別的靈光乍現時刻。卓越的思想家都遇到百思不解的問題，也都是在外部線索的刺激下，才找到解決問題的方法。阿基米德（Archimedes）注意到洗澡水溢出澡盆時，突然想到如何計算不規則物體的體積。牛頓（Newton）看到蘋果從樹上掉下來，因此想到萬有引力定律，這可能是史上最著名的靈感觸發因子。知名物理學家暨諾貝爾獎得主理查・費曼（Richard Feynman）的習慣性分散注意力模式，是在一家上空酒吧裡啜飲七喜汽水，以便「『欣賞娛樂』，如果靈感上門，也可以在餐巾紙上隨手寫下方程式。」[6]

連接更多資訊點

　　光是進入習慣性分散注意力模式，就可以讓你體驗到目前為止介紹的那些顯著效益。但是如果你想更進一步，還有六種方法如下。

1. 沉浸在比較豐富的環境中

　　留意及掌控周遭環境是最有生產力的步驟之一。除了創造有利於集中注意力的環境（使用本書第一部討論的方法），你也可以透過刻意接觸新線索促進靈感浮現。

　　讓自己沉浸在包含觸發靈感因子的環境中是很有效的方法。豐富的環境是指，你會不斷遇到新的人物、想法或見解的地方。逛書店或在餐廳裡觀察客人等休息活動，比毫無新線索的活動更有價值。你也可以把幾種活動混合起來，其中有些活動讓大腦神遊及串連各個資訊點，其他活動則讓大腦接觸以後可以拿來串連的新想法。

2. 寫下想解決的問題

　　我仔細閱讀為本書蒐集的 25,000 字研究筆記時，陷入進退兩難的情境：我該怎麼把那些散亂的數位資料整理成一本書的樣子？我的大綱檔案基本上是用 25,000 字陳述問題。於是，我把它列印出來，經常拿出來看，並在頁面上方註記最大的挑戰，例如：如何使這本書變得實用、如何建構手稿，以及如何以有趣的方式陳述研

刻意接觸新線索

你也可以善用線索，捕捉需要完成的每件事。拿著記事本在家裡四處走動，列出需要完成的任務。這個列表代表你的外部線索。你在辦公室裡工作，或是瀏覽電腦上每個資料夾時，也能捕捉到一樣多的寶貴資訊。剛開始執行時，你可能會感到無所適從，但這樣做更能整理及排列任務的輕重緩急。如果你想與朋友增進友誼，可以滑動手機上的通訊錄，記下久未聯繫的朋友。如果你想培養更深厚的專業關係，可以瀏覽 LinkedIn 聯絡人清單。刻意讓自己接觸新線索，對很多方面都有助益。

究。

　　經常回顧這些問題和檔案，讓我隨時都很熟悉這個案子。經常進入習慣性的分散注意力模式（例如，某個下午我瀏覽了約一百本書，以了解那些書的架構），並讓周遭充滿可能的解題線索，就是在比較豐富的環境中分散注意力，最後靈感終於浮現了。

　　詳細記錄你在工作及生活中想要解決的問題，可以幫大腦持續在背景中處理它們。捕捉完該做的任務、專案與約定後，你就不需要一直惦記著它們，可以專注在其他工作上。如果是你正在解決的問題，情況則正好相反，把它們記錄在紙上，更能幫你釐清、處理與記憶。

　　同樣的技巧也適用於大型專案，例如為你的論文書寫方式、廚房改造或新團隊的人員編制列出大綱，可以幫你在大腦的後台處理這些想法，以便繼續蒐集及串連與專案有關的新構想。

　　解決較小的問題時，還有另一個很強大的方法：除了每個工作日結束時設定隔天的三項目標，也注意你正在處理最大的問題，隔天早上你會意外發現自己竟然想通不少事。

3. 先睡再說

前文提過，睡眠時作夢可說是加強版的分散注意力模式。你睡覺時，大腦持續串連著各個資訊點。

有無數例子顯示，靈光乍現是發生在作夢的時候。為了善用睡眠的益處，愛迪生（Thomas Edison）會抓著一把彈珠上床睡覺，畫家達利（Salvador Dalí）也會握著一串鑰匙打瞌睡，再在鑰匙下方的地板上擺金屬盤。他們在淺眠階段會持續握住手裡的東西，但進入深層睡眠階段後，則會不自覺鬆手，讓東西碰撞的聲音吵醒自己。這樣做可以幫他們捕捉到醒來的前一刻正在想的事情。[7] 愛迪生曾說過一句令人難忘的話，奉勸大家：「睡覺前一定要召喚潛意識。」

在睡眠的快速動眼期作夢，產生的深度連結及自由連結特別明顯。有項研究要求受試者持續思索一道問題，結果發現，受試者處於快速動眼期時「更能整合無關的資訊」，幫助他們找到答案。[8]

睡眠也可以幫你記住更多事物。睡眠把一整天累積的資訊點轉化為長期記憶，並刻意遺忘不太重要與不相關的瑣事。[9] 一整天下來，你吸收了大量「雜訊」，睡眠能讓大腦有機會大掃除，捨棄掉那些無法串連其他資訊的雜訊點。

　　為了一夜好眠，並善用睡眠這項寶貴的工具，你可以在睡前回顧自己面臨的問題，以及任何想編寫到記憶裡的資訊。當你上床休息後，大腦會持續處理這些事情。

4. 先等一下

　　如果你遵循本書提到的技巧，尤其是開始練習冥想以後，注意力空間可能因此擴大了。此時，你更需要進入分散注意力模式，**刻意**分散注意力。

　　研究顯示，注意力空間愈大，愈有可能堅持不懈把鑽研令你百思不解的複雜任務。這就是分散注意力模式優於極度專注力模式的地方，它比較擅長為複雜難題拼湊出解方。你愈擅長集中注意力，大腦愈不容易放空，這時刻意**分散**注意力也變得更重要。[10]

　　花點時間解決創意任務的問題也是值得的。刻意延遲創意決策（只要沒有迫在眉睫的期限），可以串連更有價值的資訊。例如，等久一點再回覆重要的電子郵件時，你可能應對得更好、表達也更清晰。同樣的道理也適用於下列某些任務，例如在幾個應徵的人才中挑出一

個人、為公司的商標設計進行腦力激盪，或是為你教授
的課程擬定綱要。

5. 刻意不要完成任務

突然停下手上的創意工作並切換到另一項任務時，
你比較有可能經常想起那件工作。在注意力空間裡留下
一些殘餘的記憶，大腦就會持續處理。例如，做一份複
雜的報告時，刻意把句子寫到一半就停下來。[11]

讓任務處於未完成的狀態，如此一來，當你遇到外
部和內部的解題線索時，就會聯想到那些未完成的任務。

6. 吸收更多有價值的資訊點

我們吸收什麼資訊，就會變成什麼樣子。你用心篩
選資訊時，可以更善用分散注意力模式。吸收新的資訊
點，可以接觸到大量的新資訊和觸發靈感的因子，都可
以用來解決複雜的問題。

下一章將進一步探討這個概念。這些資訊點對我們
關注的事物影響甚鉅，可以促成或破壞我們的創意和生
產力，也是我們用來觀看世界的透鏡。

| 09 |

蒐集資訊點

　　我們腦中一直掛念的事，不是只有未解決的問題而已，從生活中累積的資訊點也一樣重要。那些知識能幫我們在分散注意力模式中變得更有創意，我們蒐集的資訊點愈有價值，能串連的資訊愈多。

　　實務上，我們吸收及串連的資訊點非常重要，因為注意力總是以我們已知的事物作為濾鏡解讀新資訊。例如，凝視大海時，生物學家可能是思考所有潛伏在海面下的生物；藝術家可能是思考用來繪製大海的顏色；水手可能是注意風浪的狀況；作家可能是思考描述大海的措辭。

　　累積及串連夠多相關主題的資訊點時（包括經驗、知識和最佳實務〔best practice〕），就可以成為那個主題的專家。大腦先天就會聚集相關的資訊點。舉個簡單的例子來說，回想一下你剛開始學寫字的時候，可能是從學寫字母開始，包括字母的形狀、發音等等。那是你在那個主題上最早累積的資訊點：

doc、s、c、h、s……。

那時，你的大腦開始連接那些資訊點，把它們按字母順序收集在一起，區分子音和母音，並學習如何發出不同的音節，例如：

doe、sa、ha、sh……。

接著，你開始把那些資訊點進一步匯集成單字。為了更深入處理新的想法，你可能會把它們與各種圖片及周遭事物連結在一起，例如：

dog、sat、cup、seven、had、shatter……。

在這之後，你開始匯集單字和概念，形成片語、句子和段落：

The dog sat on the shattered cup and had to get seven stitches.（這隻狗坐到破掉的杯子，因此縫了七針。）

你讀這本書時，對片語、句子、段落的知識早已經深深嵌入腦海中，所以閱讀變成一種內化的行為：你不再需要去想它。

「閱讀」這個例子，很適合用來說明蒐集及串連資訊點的力量。你藉由學習新事物，把外在環境的資訊點轉移到記憶中，以後就可以把它們和其他事物串連起來，好好地運用。從你出生的那一刻到過世的那一天，大腦始終都在進行這個流程。

當我們針對某個主題蒐集愈來愈多的資訊點時，自然而然會發展出專業知識，更能幫助我們妥善管理注意力空間。奇怪的是，我們對主題了解愈多時，那些資訊占用的注意力空間愈少。前文提過，注意力空間可以同時容納四組資訊。我們蒐集的資訊點愈多，愈能有效運用那個空間，因為我們串連起那些資訊點的時候，就可以容納和處理更多資訊。當我們處理單字和句子，而不是個別字母時，閱讀更有效率。[1] 專業的鋼琴師比只學鋼琴幾週的人，更擅長處理一段音樂的所有元素（包括旋律、和聲和節奏等），所以專家更能有效利用注意力空間，甚至在演奏時放任大腦神遊。

當我們蒐集更多與工作有關的資訊點，並投入時間累積相關知識和技能時，也是在做同樣的事。這讓我們更有效率地運用注意力空間，無論是在極度專注力模式中，把累積的資訊套用在單一任務上，還是在分散注意力模式中拼湊新的想法。我們可以在工作上運用更多專業知識與創意，因為之前蒐集資訊時已經做過篩選。*

盡量蒐集更多資訊，也可以幫我們做更直觀的決定，因為我們可以下意識喚醒記憶中的既有知識。這些資訊讓我們能適當應對某種情境，即使我們並未意識到自己正在做的事。舉例來說，我們可能在對話中，憑直覺意識到某位團隊成員似乎很沮喪，可能有什麼委屈不想讓大家知道。我們之所以會有那種感覺，是因為以前遇過相同的情境，某種程度上仍記得那些暗示她太不開心的跡象。這就是直覺的運作方式：我們根據記憶中的

---

* 你可能曾經自覺在所屬領域中就像騙子或偽專家，其實不是只有你這樣想。下次你又萌生這種想法時，只要想想自己相對於其他人，為這個主題累積及串連了多少資訊點。因為，你可能跟那些專家一樣了解這門專業的細微差別和複雜性。

資訊行動，但不是有意識地從中擷取資訊。[2]

在哪裡專注，哪裡就會成功。最能影響生產力和創意的事物，正是我們過去吸收的資訊。累積許多有價值的資訊點，可以帶來無數效益，我們因此可以把挑戰和記取的教訓串連起來。當我們串連起寶貴的資訊點，進入分散注意力模式時將更有生產力，特別是接觸新的資訊點時，更能敏銳地察覺觸發靈感的因子。此外，我們進入極度專注力模式時，也會變得更有生產力，因為我們更能善用注意力空間，避免錯誤，看到抄捷徑的機會，做出更好的大方向決策，並運用更多既有知識來處理工作。[†]

資訊點的價值

注意力有限，我們收集的資訊量也有限。雖然大腦

[†] 從這點來看，智慧和創意其實是很相似的概念。智慧和創意都需要串連許多資訊點，只是串連的方式不同。智慧藉由串連起各個資訊點，以深入理解某個主題；創意則是將資訊點以新奇的方式串連起來。由此可知，智慧和創意並非與生俱來，而是我們針對某個主題蒐集及連接足夠的資訊點而獲得的成果。

的儲存空間近乎無限，注意力卻很有限。把資訊輸入大腦，就像以一根園藝用塑膠軟管放水把奧運專用的泳池注滿水一樣。即使腦容量很大，我們也只能慢慢地將資訊填入腦袋。

因此，刻意吸收資訊點變得很重要。

所有資訊的重要性都不同。讀書或是跟聰明人深入聊天，比看電視或八卦雜誌，能吸收到的資訊點更有價值。這不是說吸收流行文化沒有樂趣，人生若不偶爾卯起來看 Netflix 追劇，那就太無趣了。而且如果你把空閒時間都拿來讀知識濃厚的書籍和學術期刊，可能會覺得很無聊。

然而，你也需要注意與提升經常吸收的資訊點的品質。最有創意和生產力的人都很認真地捍衛注意力空間，只讓最有價值的資訊點編寫到大腦記憶中。

如何測量資訊點的價值呢？

首先，最有價值的資訊點既有用又有趣，像 TED 演講一樣。有用的資訊點即使經過很長的時間，依然有意義，也很實用。它們的娛樂性讓你在吸收時更加投入。判斷一件事是否有趣相當容易，但要判斷它的實用性則比較難，不過還是有幾種衡量方式。

實用資訊通常是可作為行動依據的，可以幫你達到目標。例如，聽電視上的名嘴爭辯政治議題，不是可作為行動依據的資訊，**也**對個人目標毫無助益，還會占用你原本可以用來吸收重要資訊的時間。

閱讀科學書或歷史人物的傳記更有價值，可以激發新觀點，也比較實用，不是在捕風捉影，可以幫你達成短期和長期的個人目標。這些資訊點所包含的資訊，保存期也比較長。

實用的資訊點除了是可作為行動依據、有益的以外，也可能和你過去吸收的資訊有關，或者跟你已知的事情**完全無關**。

吸收與已知事實有關的資訊，可以幫你針對單一概念培養一套完整的想法。如果你是軟體工程師，進修課程以學習新的程式語言，或是閱讀管理工程師相關的書籍，顯然是有效利用時間、注意力、精力的方式。吸收任何支援現有技能的資訊，都是善用時間的方法。你吸收的資訊點愈廣，就能串連愈寶貴的資訊。而且，當你吸收支援現有技能的資訊時，大腦還會釋放更多多巴胺（令人感到愉悅的化學物質）。[3]

吸收與現有知識**無關**的資訊同樣也很重要。吸收新奇的資料能給你機會，質疑自己是否只吸收特定、肯定個人信念的資訊，也可以觸發靈感。大腦先天就容易受到新奇事物的吸引，能輕鬆記住新奇的資訊。

如果你對吸收某則資訊感到懷疑，可以自問：知道這則資訊對你的生活有什麼影響？本書中收錄的技巧都是為了幫助你刻意地管理注意力。同樣的原則也適用於此，當你的創意有效地將所有的資訊點串連起來時，以慣性模式吸收資訊就會是最不值得投入的一項活動。

蒐集更多有價值的資訊點

一般來說，實用性不見得等於娛樂性：

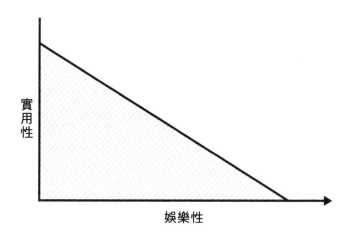

上圖的情況不見得是定律，例如，有些專業的書籍比真人實境秀還有娛樂性。然而，我們吸收的資訊大多符合上圖的趨勢。

　　我們可以把吸收的資訊進一步按實用性來區分：

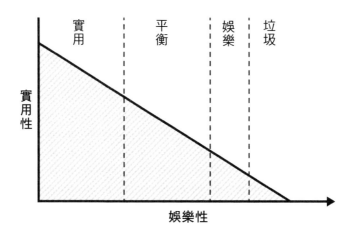

　　這張圖的左邊是最**實用**的資訊點，這些資訊是可作為行動依據且精確的，可以幫我們達到目標，而且長期都有意義。它們可能與我們既有的知識有關（因此讓我們串連及蒐集更多寶貴的資訊點），也可能和我們的知識無關（促成更多偶然的連結）。對我來說，非小說類書籍、線上課程或是生產力相關期刊都屬於這一類。

實用資訊通常是這幾類資訊中最密集的。書籍正是絕佳例證，雖然讀一本書可能不需要十個小時，但作者寫一本書可能得花**數十年**的心血，並涵蓋他一生記取的經驗教訓。書籍讓我們接觸到各種主題，以及主題領域中最優質的思想與最實用的資訊。

如果一整天都有無限精力可以吸收實用的資訊，是最理想的狀況，但是顯然這根本不可能，即使經常恢復精力也辦不到。無論大腦多擅長串連資訊點，只吸收非娛樂性的素材很快就會變成苦差事。所以，尋找**平衡**的資訊點很重要，也就是既實用**又**有娛樂性的資訊點。這一類事物非常多，包括小說、播客、記錄片和 TED 演講。這些資訊的娛樂價值使我們更容易沉迷其中，因此更有可能繼續吸收資訊，並且積極參與。

我們吸收的第三種資訊是**娛樂性資訊**，或者更糟的**垃圾資訊**。它們就像垃圾食品一樣，吸收的當下覺得很有趣，但卻最不密集，也不切實際，不會幫助你過更好的生活或是達成目標。這類資訊包括我們卯起來狂看的電視節目，不太需要動腦筋的書籍，以及多數社群媒體網站。我們通常是以慣性模式被動地吸收這些資訊。雖然其中有些資訊真的很有趣（前 50％左右），但後半幾乎都是垃圾資訊，通常結合了新奇、愉悅、具威脅性等特質，讓人很容易想要持續吸收。

一般來說，我們應該這樣做：

- 吸收更多**實用**的資訊，尤其是有精力處理密集資訊的時候。
- 精力較少時，吸收**平衡**的資訊。
- 有目的地吸收**娛樂**資訊，或是精力渙散與需要恢復活力時才吸收娛樂資訊。
- 盡量減少吸收**垃圾**資訊。

有兩個步驟可以提高你蒐集的資訊品質：

1. 檢討你吸收的一切資訊。
2. 刻意吸收較多有價值的資訊。

為了檢討你吸收的資訊，可以先把資訊分成四類：實用的、平衡的、娛樂的、垃圾的。這些資訊包括你動不動就開啟的 app、經常造訪的網站、閒暇時閱讀的書籍、在電視和 Netflix 上看的節目和電影，以及你獲取的其他資訊。隨身攜帶筆記本幾天，列出你吸收的一切（也可以記下吸收資訊花費了多少時間），並且在家裡和工作上都這樣做。如果你為工作閱讀大量的書籍、研讀課程和其他資訊，列兩張清單可能更有幫助：一張是你為專業吸收的資訊，另一張是你為個人效益或樂趣所吸收的資訊。

你可能馬上就注意到想改變的習慣，例如你花在社

吸收資訊前先思考

吸收更多有價值的資訊點，不是為了把你變成閒暇時間只用來吸收有益資訊的機器人，那種人生有什麼樂趣可言？那樣做的目的，是為了讓你從吸收的資訊中稍稍抽離，以便更用心地判斷該吸收什麼資訊。不先反思工作和生活，就不可能變得更有生產力或有創意，所以定義最有生產力的任務、設定目標、讓大腦神遊等技巧的效果才會如此強大。定義最有價值的資訊點只是另一項技巧。

群媒體 app、瀏覽新聞網站與看電視的時間。你可能也會發現大感意外的慣例模式。例如，美國人平均每週看電視 34 小時，如果你也是如此，表示你有很多時間可以花在更實用的事情上。[4] 你可能也會注意到自己缺乏的事物，例如你一直很喜歡看小說，但實際上已經很久沒讀小說；又或者，你已經很久沒有學習新嗜好。

把資訊分類以後，為了用心地吸收更多有價值的資訊，你可以採用下列十種改變習慣的方法，並且先嘗試其中兩、三種覺得特別有共鳴的方法。

1. 吸收關心的資訊

當你列出吸收的資訊時，可能會發現自己喜歡吸收的資訊，其他人根本不太在乎或者避之惟恐不及。

你可能喜歡利用空閒時間上程式設計課，但這對多數人而言是苦差事。或者，你喜歡聽有關生產力的有聲書（我承認我是）。

加倍培養**你**覺得有趣的技能和知識，也挑選你喜歡的**媒介**。如果你透過聆聽的方式學得最好，可以聽有聲書，而不是閱讀紙本書；如果你偏好看影片，可以看 TED 演講，而不是聽有聲書。

2. 消除垃圾

被動接收毫無意義的垃圾資訊，對你的人生毫無助益。挑兩件無法真正帶給你快樂的垃圾資訊，把它們從生活中徹底移除。找出那些當下可能感到刺激，但事後無法滿足你的素材。嚴格捍衛你的注意力。每次你停止吸收垃圾資訊時，就可以為實用的資訊騰出更多空間，讓它們為你的生活增添更多價值。

3. 添加有價值的資訊

哪些書籍、課程或對話是你現在吸收，能對往後有幫助的？你能針對某個主題吸收更複雜的資訊，藉此進一步提升專業能力嗎？那你個人呢，是否想要自我提升，或亟欲在工作或家中更了解哪方面的知識？

每刪除一種無用的資訊，就為自己增添一種實用的資訊。鞭策自己：你能獲得最有價值的資訊，是那些挑戰你、通常需要你全神貫注的事物。

4. 注意慣性模式下吸收的資訊

當你精神渙散或是切換任務時，請特別注意你正在追求什麼樣的資訊。通常你會關注這些焦點，只是因為一時方便，並沒有為生活增添多少價值。

　　和你一起吃飯的朋友離開幾分鐘時，你會不經意打開手機上哪些 app ？你是否一醒來就抓起手機？你以慣性模式上網時，會瀏覽哪些網站？

5. 刻意放空

　　只要做完想完成的任務，你就算是很有生產力了。無論你的目標是讀完一章教科書，還是看四集《冰與火之歌：權力遊戲》（ *Game of Thrones* ），只要完成任務，你都有生產力。

　　如果你打算放空，就刻意去做，但是要為你打算進行的事情設定標準，例如你想看幾集，追劇時想吃什麼，看完後要做什麼等。這樣做不僅能讓你更有目的地行動，也不會帶來內疚感，能讓你真正樂在其中。

6. 重新評估資訊

　　除了精挑細選所吸收的資訊，你也應該在吸收資訊的當下重新評估內容，跳過或略讀不值得花時間的部分。蔡格尼效應使我們想要完成開始投入的事情，但每花一分鐘在無用的事物上，就浪費掉可以投入實用事物的時間。

每次你開始讀一本書、看一部電影或一部電視劇，
過程中都應該評估是否應該看到最後。

7. 善用你的注意力

把播客、電視節目、電影、書籍的描述，視為爭奪
你的時間和注意力的話術。

你不必聽每一集自動下載的播客，不必看數位錄影
機錄下的每集節目，也不必讀朋友推薦的每本書。判斷
某件事情是否值得你關注，需要你用心額外訂定決策，
但這樣做可以幫你省下好幾個小時，並且把省下的時間
投入更好的事物。

8. 抽離當下

如果你眼前有多種選擇，不知道該選哪項目標關
注，可以暫時抽離當下，從比較長遠的角度來評估。

如果你把時間花在社群媒體上，可能會看到美味菜
餚的烹煮過程濃縮成半分鐘的誘人影片，看到菠菜在一
秒鐘內縮小成原始體積的五分之一，看到雞塊在兩秒鐘
內煮熟。你可以用類似的方法考量你將吸收的資訊。假

設你有一個小時可以自由支配，請退一步從遠處觀察你的生活。如果你的人生濃縮成 30 秒的影片，你希望看到哪些活動占用這段時間？

你希望在那段影片中看到自己躺在沙發上看 Netflix 上的《新世紀福爾摩斯》（*Sherlock*），或漫無目的地使用平板電腦嗎？還是看到自己正在鑽研 100 多頁的書籍？抽離當下，觀察行為的影響，會促使你吸收更多有價值的資訊。

9. 投入意外的新發現

涉獵專業以外的挑戰性資訊，會逼你建立更多不同的連結。當你串連起愈多分散的資訊點，那些連結往往愈有價值。

把瀏覽器的主頁設定成打開維基百科的「隨機頁面」。瀏覽 Reddit 上的「AMA」版（Ask Me Anything，譯注：意思是「問我任何問題」），全球知名的專家會到那裡回答一般網友提出的熱門問題。去聽你從未聽過的樂團現場表演。讀一本你對主題一無所知的書。選一門你一直很好奇的課程，例如拼布、跳舞或演講。挑一本你知道但不熟悉生平的歷史人物傳記閱讀。幾個月前，我報名了一堂線上課程，教人編寫 iPhone app 的程式碼。如今，寫程式成了我閒暇時最喜歡的活動之一。

10. 加倍投入有價值的事情

有些主題是你比其他人更了解、更擅長的。你針對那些主題或技巧蒐集愈多資訊點，就會變成愈厲害的專家。

每排除一種毫無價值的資訊，就考慮加倍投入你擅長或熟悉的領域。例如，假如你是老師，放學後與其在慣性模式下打開 Netflix 猛看，不如修一門課以培養新的專業技能。當你加倍投入擅長的事物時，會意外發現自己變得更有生產力和創意。

宛如魔法

我們持續針對某個主題匯集資訊點，那些構想會逐漸以彼此為基礎進一步擴展，最後開始發揮神奇的效力。

我喜歡英國科幻作家亞瑟・克拉克（Arthur C. Clarke）說的這句話：「任何夠先進的技術皆與魔法無異。」[5] 我想進一步主張，任何夠複雜的決定或構想皆與魔法無異。每次我們不了解那些促成某種結果的複雜資訊點時，常把它歸因於魔法或天才。

打從有記憶以來，我就對魔術很癡迷，但我覺得破解魔術背後複雜的錯覺原理，遠比觀賞魔術更有意思。一旦你破解魔術所利用的錯覺，魔術就失去了魔力。然而，學習魔術是怎麼變出來的，本身就像靈光乍現一樣，彷彿看到雜亂的拼圖拼湊出一幅圖案。

天才就像魔術師一樣，他們的方法也看起來很神祕，但你破解他們解題的連結網絡後，那種神祕感就消失了。這些天才通常有豐富的經驗，他們投入更多時間進行刻意練習，而且最重要的是，他們比其他人串連的資訊點更多。如同作家麥爾坎・葛拉威爾（Malcolm Gladwell）所寫的：「練習不是你出類拔萃以後才做的事情，而是讓你出類拔萃的事情。」[6]

愛因斯坦無疑是個天才，他以獨特的方式串連資訊點，而且他串連的資訊點比任何人都還多。然而，他同時也跟我們一樣受到大腦局限的限制。為了構思像廣義相對論那樣的概念，他必須蒐集及串連無數的資訊點，才能銜接自然和數學的概念，建立其他人沒想到的連結。[7]為了讓大腦習慣性地神遊，他常連續拉好幾小時的小提琴。* 愛因斯坦是經過一番努力才獲得天才的地位，他說過：「我沒有特殊的天賦，只是充滿強烈的好奇心。」[8] 他提出「和一束光賽跑會是什麼情況？」之類的問題，藉此把各種資訊點串連成一張複雜的網，構思出相對論。[9] 儘管愛因斯坦成就過人，連他也有「冒牌貨症候群」（imposer sydrome）。當他聽到飯店房間外有上千人歡呼時，忍不住對妻子愛爾莎（Elsa）說：「我們恐怕是騙子，最後會坐牢。」[10]

雖然我們常覺得天才獨自奮發努力的故事扣人心弦，然而所有的卓越成就都是付出時間和心血換來的，包括八歲時就創作第一部交響曲的莫札特也是如此。《迷戀音樂的腦》（*This Is Your Brain on Music*）的作者丹尼爾·列維廷（Daniel Levitin）為莫札特的音樂天才提出一套原理。他寫道：「我們不知道莫札特練習了多少[12]，但是如果他從兩歲開始練習，每週練 32 個小時

---

* 還有無數例子也是為了蒐集構想而放任大腦神遊。例如，《漢密爾頓》（*Hamilton*）可說是百老匯有史以來最叫好叫座的音樂劇。作曲家林－曼努爾·米蘭達（Lin-Manuel Miranda）為了創作這齣音樂劇，先在電腦程式中編寫音樂，接著再以分散注意力模式四處散步，直到腦中浮現歌詞的靈感。[11]

（很有可能，因為他的父親以監督嚴格著稱），到了八歲時已經累積第一個一萬小時。」「一萬小時法則」是很熱門的一種說法，有人說，任何技能都需要努力練習那麼長的時間，才會達到專家級的精湛水準。雖然這條規則不適用於所有的情況（你可能在更短的時間內，成為世界級的巧克力美食家），但確實是可靠的衡量標準。一萬個小時能讓你針對某個主題或技能，累積足夠的資訊點，構建出一個豐富的資訊點匯集。

養成分散注意力模式的習慣

目前為止，希望我已經說服你相信分散注意力模式的顯著效益。這個模式可以讓你在不同的想法和經歷、養精蓄銳、規劃未來之間找到有用的連結。為了獲得這些好處，你只需要讓大腦休息，讓它四處神遊就行了，但最好是同時做點習慣性的任務。

進入分散注意力模式的頻率要考量許多因素。首先，那取決於你多常集中注意力進入極度專注力模式，以及需要恢復注意力的頻率。極度專注力模式會消耗精力，分散注意力模式則可恢復精力。

當你的工作需要串連複雜又不同的想法時，分散注意力模式特別有益。舉例來說，如果你是負責設計實驗的研究人員，或是構思電玩情節的電玩設計師，應該更常進入分散注意力模式。工作愈需要發揮創意時，你愈需要分散注意力。在多數情況下，如今的知識工作都能因為我們的創意發想而受惠。

最後，進入分散注意力模式的頻率，應該反映出你找到恰當的工作方式有多重要。我最喜歡的另一句名言是林肯（Abraham Lincoln）說的：「給我六個小時砍一棵樹，我會花前四個小時先磨利斧頭。」無論我們規劃居家裝修專案、配置團隊預算或設計研究，採用的方式都很重要。制定計畫時，安排愈多分散注意力模式時間，就可以省下愈多後來投入計畫的時間。

大腦在極度專注力模式和分散注意力模式之間切換時，需要花幾分鐘的時間。[13] 所以，在分散注意力模式中至少待 15 分鐘，會比利用一整天的零碎空檔效果更好。不過，即使只在短暫的空檔分散注意力，還是可以幫你變得更有創意，因為即使時間不夠長、不足以拼湊出複雜的靈感，但絕對可以幫你為下一步設定目標、讓你休息，也捕捉腦海中一些未解的雜念。三種分散注意力模式（習慣模式、捕捉模式、解題模式）都可以長時間或短時間進行，不過投入較長的時間可以帶給你更多的好處。

除了在工作的空檔進入分散注意力模式，一天當中還有無數機會可以分散注意力：

- 晚上八點到翌日早晨八點之間關閉網路。
- 注意結束任務的時間，作為暫時分散注意力的提示線索。
- 買一個便宜的鬧鐘，不要使用手機的鬧鐘功能，以免你一起床就馬上被手機吸引。
- 去買咖啡時，身上只帶筆記本，不帶手機。
- 把手機留在家裡一整天，當成自我挑戰。
- 好好洗個澡，拉長洗澡的時間。
- 讓自己無聊五分鐘，注意腦中浮現的想法。
- 排除令人分心的干擾，簡化環境，以確定下次你發揮創意時，注意力空間不會被干擾因素占滿。
- 烹飪時播放音樂，而不是觀看有趣的東西。
- 出外踏青。
- 參觀藝廊。

• 運動時不播放音樂或播客。

　　客觀而言，分散注意力模式看似沒什麼生產力。例如，你坐在巴士上凝視著窗外，在大自然中穿梭，不帶耳機跑步，帶著筆記簿坐在候診室裡而不是滑手機。雖然你看起來一點也不忙碌，但你的大腦確實忙著四處遊走。

　　分散注意力模式是大腦最富創意的模式。就像極度專注力模式一樣，值得你盡量花時間練習。

| 10 |
善加管理注意力

混搭兩種注意力模式

就很多方面來說，極度專注力模式和分散注意力模式完全相反。我們無時無刻不是在做某件事（關注外在），不然就是在思考某件事（關注內在）。我們無法同時處於兩種不同的模式。

不過，儘管這兩種模式如此不同，還是有很多機會可以讓它們相輔相成。我們集中注意力時，是吸收及收集各種資訊點；分散注意力時，則是串連資訊點。極度專注力模式讓我們記住更多東西，因此進入分散注意力模式後可以串連更多有價值的連結。分散注意力讓我們恢復精神，養精蓄銳，有更多精力可以進入極度專注力模式。分散注意力模式中發掘的靈感，可以幫我們以更聰明的方式工作。就這些方面來說，用心管理注意力是事半功倍的自我修練。

　　有幾種方法可以讓你更善加利用這兩種模式，而且無論你正好處於哪種模式都有益。

追求快樂

　　當你瀏覽探討快樂的書籍、文章和其他研究時，可能光看到那麼多建議就感到沮喪。有些建議很實用，但有些則包含許多空泛的承諾。

　　區分「真心追求快樂」和「單純的正向思考」非常重要，坦白說，後者不會讓你變得更快樂或更有生產力。事實上，研究顯示效果**適得其反**。有項研究發現，過重的女性愈是幻想自己變瘦，一年減的體重愈少。[1] 另一項研究中，術後患者愈是幻想自己康復，康復的速度愈慢。其他研究顯示，正向幻想未來使受試者在測試中表現得更差，展開新戀情的機率降低，對日常生活的掌控力減弱，甚至對慈善事業的貢獻更少。

　　正向思考讓我們當下感到成功，卻忘記規劃切實可行的計畫以利實踐。實務上，正向思考的效果和一廂情願的痴心妄想幾乎無異。

究竟怎樣做**可以**讓人更快樂呢？花時間做提振心情的事情。有大量實證顯示，變得更快樂可以幫我們管理注意力。那些研究也提到一些驗證可行的方法，能讓人變得更快樂。奇妙的是，我們為快樂投入愈多心血時，在極度專注力模式中的生產力愈高，在分散注意力模式中也愈有創意。

探究原因前值得注意的是，你光是練習本書提到的技巧，就能感到更快樂。大腦思緒違背你的意願胡思亂想時，即使是想到中性的議題，你也會覺得不太開心。大腦思緒無意中飄到正向的主題時，快樂的程度跟你專注進行平凡的瑣事不相上下。[2] 練習極度專注力模式，並在較少干擾的狀態下工作，可以幫你把更多注意力集中在當下。**刻意**讓思緒神遊，可以排除過程中的內疚、懷疑和壓力，因為你是主動選擇放鬆，並沒有違背自己的意念。一般來說，大腦放空會讓我們比較不快樂，除非我們是刻意去思考自己感興趣、有用或新奇的事物。分散注意力模式是刻意放任大腦放空，可以讓我們體驗前述三種事物。[3]

為什麼用心追求快樂有助於提高生產力和創意？

首先，也是最重要的一點，無論你是處於哪種模式，**正向的心情可以擴大注意力空間。**[4]

　　你感到快樂時，大腦中負責邏輯的部位中多巴胺濃度會上升，讓你工作時更有精力和活力。此外，由於你有更多注意力空間可以運用，可以更深入地集中注意力，完成更多的工作。[5]好心情也可以讓你更快回想起實用的資訊，你也會更積極地吸收資訊：你愈快樂，愈有可能以新奇有趣的方式組合想法，愈能克服「功能固著」（functional fixedness，譯注：這種心理偏誤使人只能想到東西的慣常用途），像馬蓋先（MacGyver）那樣，發現熟悉事物的新用途。快樂也會激勵你尋求更多變化，但不是追求風險。[6]

　　相反地，負面情緒會縮小注意力空間。不快樂的人工作生產力較低，就那麼簡單。你愈不快樂，思緒愈容易違背你的意願，開始胡思亂想，你更無法把注意力放在眼前的事物上。[7]你覺得不快樂，就愈需要排除令人分心的事物，因為你沒有那麼多注意力空間及精力抵抗那些誘惑。你的心情低落時，思緒遊蕩的去處也不一樣，你更有可能回想到遙遠的過去，反覆思索當時發生的事情。* [8] 雖然有時重溫過往可以讓你受惠，但短期內，你的工作生產力會受到影響。因為當思緒更常飄到過去，就比較不常規劃未來，串連較少有益的構想。與此同時，你無意間放空的次數也會增加，不僅無法讓你更快樂，也有礙生產力。所以，心情不好時，捕捉你面臨的問題更重要，因為你感到痛苦時，往往是在處理嚴重的問題。蔡格尼效應會使你一直掛念著那些未解的問題，逼你更常想起它們。[9]

不快樂的人在思緒被打斷後，需要花更多時間重新集中注意力，也比較常惦念著失敗的經驗。研究顯示，訓練大腦減少放空的習慣（例如正念和冥想），甚至「可以讓憂鬱症患者在康復的過程中減少憂鬱復發」。[10]

雖然少有研究顯示，快樂時注意力空間會擴大到什麼程度，但是快樂專家暨哈佛大學心理學家尚恩・艾科爾（Shawn Achor）發現，快樂的人的工作生產力比心

---

* 研究人員在實驗室裡衡量這項論述的方法，是讓受試者聽快樂或悲傷的音樂，同時說正向或負面的話語。有些受試者是聽振奮人心的音樂（例如莫札特的G大調弦樂小夜曲），同時說「我對自己完全有信心」之類的話。另一些受試者聽的是比較悲傷的音樂（例如巴伯的弦樂慢板），同時說「正當我覺得情況開始好轉時，又突然出問題了」。

情低落或中立的人高了 31%。[11] 快樂也讓你在分散注意力模式下變得更有創意。你處於正向心境時，比較可能為問題想出特別的解方，這樣的結果並不令人意外，因為你快樂時，有更多注意力空間和精力可以運用。[12]

那麼，如何運用科學的研究結果追求快樂呢？

我最喜歡的研究之一（就是那個發現我們有 47% 的時間在神遊的研究），在一天內採樣了數千位受試者，問他們兩個問題[13]：抽樣的當下在做什麼（受試者會收到手機通知）；他做那件事情有多快樂。研究結果發表時，研究人員從數以萬計的受試者收到 25 萬份回應。讓他們最快樂的五件事如下：

5. 聽音樂。

4. 玩樂。

3. 聊天及投入時間在人際關係上。

2. 運動。

1. 性愛。

值得注意的是，性愛時，大腦最不容易放空，而且當下遠比做其他事情更快樂，程度差距無可比擬。（想要**真正**投入注意力，你可以馬上試著做這五件事。）

　　除了這些活動，還有許多已經被證實可以讓人更快樂的習慣。在研究快樂的領域裡，我最喜歡的專家之一是前文提過的艾科爾，他也是《哈佛最受歡迎的快樂工作學》（*The Happiness Advantage*）作者。他在那本書與TED演講中，提出幾項經科學證實可以讓人更快樂的技巧。[14] 他最推薦的幾種方法如下：

- 每天結束時，回想三件你覺得感恩的事情。（適合搭配第三章討論的「三重點法則」一起進行。）
- 每天結束時，寫下當天的某個美好經歷。
- 冥想。（參見第五章）
- 把握機會行善。

　　雖然情緒和態度不見得是你能夠關注和記得的資訊點，但它們確實會對你的觀感產生很大的影響，也會影響你注意力空間裡的事物，還會影響注意力空間的大小。快樂讓我們以樂觀的觀點關注注意力空間，也讓我們以更有生產力和創意的方式來體會經驗。

　　如果你需要提振心情，可以從前述建議中挑幾項試試看，然後反思它們對你的影響。嘗試這九種方法，並持續做對你有效的那幾種。當一天結束時，這些方法不僅可以讓你更快樂，也可以幫你提高生產力和創意。

配合精力起伏做事

你可能已經體會到，一整天下來，精力並非恆常不變。精力會隨著先天體質（例如你是晨型人還是夜貓子）、運動頻率、飲食及睡眠充足與否而波動。

注意力和生產力與精力一樣，不會維持在一定的水準。你把精力最充沛的時刻用來做最複雜、最有意義的任務，生產力最高。

如果你讀過我的上一本著作《最有生產力的一年》，應該已經熟悉這個概念。活力最旺盛時，進入極度專注力模式的效果最好，我稱這段時間為「生理黃金時段」（Biological Prime Time，簡稱 BPT）。每個人的生理黃金時段各不相同，但是只要記錄精力起伏變化一、兩週，你就能找出自己的型態。你在生理黃金時段做最有生產力的工作，工作生產力愈高。

不過，在分散注意力模式方面，這個概念正好相反。分散注意力模式是你精力**最少**時，效果最好。因為這時大腦比較不受壓抑，不會抑制靈感的浮現。需要理性分析的問題必須集中注意力解決，但破解創意問題時，唯有串連大量想法才能讓靈光乍現。[15] 研究發現，在我們相對疲憊的非生理黃金時段，[16] 因枉然大悟而解開的問題多了 **27.3%**。

我將這個精力低落的時段稱為「創意黃金時段」（Creative Prime Time，簡稱 CPT）。

測量我們精力最旺盛的時段的研究很多。多數人精力最旺盛的時候是早上 11 點左右及下午 2～3 點左右。剛吃完午餐時，通常是精力最少的時候。

一週內的精力也會波動，我們週一通常最沒有精力工作，覺得最無聊；週五時最帶勁。[*] [17] 當然，每個人的情況各異。如果你是早上五點起床的晨型人，上午的生理黃金時段可能比較早，利用下午做創意工作最合適。同理，夜貓子可能會發現大家都就寢後，工作生產

---

[*] 這項研究還有另一個有趣發現：我們在週四做最多「機械式任務」（整週的習慣性任務中，約有三分之一在這天進行）。如果你也是這樣，可以把週四訂為「維修日」，將當週不想集中注意力進行的任務都集中到這天來做。

力最高。

聰明工作的好方法，是把需要集中注意力的任務排在生理黃金時段進行，把需要創意發想的任務排在創意黃金時段進行。你可以在行事曆上為這些任務排定時間。

適時飲酒及補充咖啡因

就減少抑制效果來說，你可能很熟悉酒精的效果。就像疲勞一樣，研究也證明飲酒讓人更容易解決創意問題。（為了測試這項理論，我一邊喝著加了萊姆汁的伏特加汽水，一邊重寫本章部分內容。我想讓你自己判斷，本章是否寫得比其他章節更好。）

寫這本書的過程中，我讀到一個很喜歡的研究。研究人員讓受試者在微醺的狀態觀看皮克斯動畫電影《料理鼠王》（Ratatouille）。受試者分成兩組，其中一組一邊吃貝果，一邊喝伏特加蔓越莓飲料（兩者的食用量都和受試者各自的體重成正比），受試者一邊看電影，一邊攝取那些食物。另一組就沒那麼幸運了，他們也有看電影，但過程中沒吃任何東西。[18]

研究結果引人關注：看完電影後，微醺的受試者比清醒的受試者多解開 **38%** 的創意字謎。不僅如此，他們解題的速度也比較快！（你可能已經猜到，微醺的受試者比較不擅長破解邏輯問題。）解答創意問題時，我們對注意力的掌控愈少，解題的成效愈好。

這樣說並不是要鼓勵你喝酒，畢竟喝酒並非毫無缺點。料理鼠王的研究衡量的是只需要發揮創意的任務，但我們從事的任務大多需要結合創意和注意力。當你需要專注於某件事時，酒精絕對會破壞生產力。

如果你已經有冥想的習慣，試著在下次晚間冥想之前小酌，會親身體驗到這種效果。喝酒讓思緒更頻繁地飄離，同時**降低**覺察意識。酒精會影響這兩方面的注意力品質：不僅集中注意力的時間縮短，也比較慢才意識到大腦放空了。[19]

喝酒也會縮小注意力空間，讓你幾乎很難專注在任何事情上。[20]你喝得愈多，思緒愈容易到處遊走，愈無法察覺大腦放空，也難以盡快拉回注意力，而且注意力空間也變小了。這也難怪幾杯酒下肚後，我們記住的東西愈少，畢竟我們不可能記住當初沒注意的事情。

實務上，除非是為了執行特殊任務，否則酒類最好能免則免。如果一天已經接近尾聲，你想要腦力激盪一些構想，喝點酒有助於激發靈感。但切記，酒精之所以有助於創意發想，是因為它幫你降低了對注意力的掌控。

我認為喝酒是從隔天汲取能量和快樂的方式之一，有時這種代價值得付出，例如跟好久不見的朋友相聚小酌。但是，通常這種代價並不值得你付出。想要喝酒的話，要適時適量：只有在你想放任大腦神遊（事後也沒規劃重要任務），或想先從明天借用快樂的少數情況下，才值得這麼做。

咖啡因是另一種需要考慮飲用時機的飲品。對於掌控注意力，咖啡因的作用正好和酒精相反：酒精可以幫你分散注意力，咖啡因則有助於極度專注。

研究結果已經證實，咖啡因幾乎在各種可衡量的指標上，都能提振身心績效：

- 不管任務難易，**它都能加強注意力**，讓我們把注意力集中在更小的範圍內，更容易專注於單一任務（但更難進入分散注意力模式）。
- **它能幫我們堅持下去**，尤其是冗長乏味的任務。（無論我們多疲憊勞累，它都能強化我們的決心。）
- 在需要動用語言記憶、快速反應或視覺空間推埋

（例如拼拼圖 [21]）的任務中，**它可以改善績效**。

一般來說，攝入約 200 毫克的咖啡因後（一杯咖啡約含 125 毫克），這些效應就會減弱。盡量避免攝取超過 400 毫克，因為攝取量一旦超標，就會開始感到焦慮，績效也會受到影響。[22] 不過，話又說回來，每個人對咖啡因的反應不同，前述情況若是適用在你身上，再遵守這個原則即可。有些人的代謝速度快，耐受性高；有些人啜飲幾口咖啡後，就整個身體開始顫動。就像多數的生產力建議一樣，採行各種建議時，關鍵是注意每種方法對你是否有實際的效用。

咖啡因也可以強化體力和運動績效，幫你在炎熱的環境下表現得更出色，提升肌力訓練，增強運動時對疼痛的耐受度。

咖啡因就像酒精一樣也有缺點，即使你是喝無糖、較健康的咖啡因飲料（例如紅茶、綠茶或我個人最愛的抹茶）。咖啡因代謝出體外時，我們的精力也會大減，導致生產力大降。咖啡因還會干擾睡眠，影響隔天的工作生產力。

因為有這些代價，你應該挑選想要提振身心績效的時候才攝取咖啡因。下次你打算全神貫注在任務上，或是上健身房好好運動時，只要時間還不是太晚，都可以攝取一些咖啡因。*不要在醒來後馬上喝咖啡，等開始工作才喝，這樣可以讓你做高生產力任務時提振績效。如果你一早就要開腦力激盪會議，可以等開**完**會後再攝取咖啡因。開會時放低注意力空間的圍牆，可以讓更多的構想流入。相反地，如果你一早就要做簡報推銷，做法正好相反。

開放式辦公室的影響

　　我到很多公司做過生產力演講，因此注意到愈來愈多公司採用開放式辦公室。這對注意力和生產力的影響好壞參半。

　　在可控制的環境裡工作，最容易集中注意力。在開放式辦公室裡，我們顯然對環境的控制較少，注意力也比較差。研究證實，我們在開放空間中分心的頻率，比

---

* 如果你想馬上獲得提振績效的效果，可以試試咖啡因口香糖。身體透過口腔內的口頰組織，可以更快吸收咖啡因。[23]

一般隔間辦公室高了 **64%**，也更容易受到他人干擾。[24] 如果你的工作需要經常集中注意力，開放式辦公室會嚴重影響工作生產力。

開放式辦公室確實有一些好處。其一是，這種辦公室可以支援單一專案運作得更久，才切換到其他專案。背後的原因很有趣：雖然在開放環境中同事比較常打斷我們，但是他們要打斷我們時，也比較懂得察言觀色。因為他們可以看到我們正在工作，會注意到我們何時自然而然地告一段落，停下來休息，例如開完會回座時、剛講完電話或是完成事情站起來。在這種環境下，我們比較常在切換任務時受到干擾，所以不需要花太多時間和精力就能恢復注意力。[25]

雖然這本書主要探索個人生產力，但我們通常不是獨來獨往的獨行俠，我們的工作往往和其他人的工作密切相關。在需要密切合作的工作中，我們從彼此之間獲得資訊的速度愈快，合作的效果愈好，因為整體團隊運作得更有生產力。

總之，說到開放式辦公室，如果你和同事需要密切合作，或工作上需要發揮大量的創意及串連構想，即使承受開放式辦公室的缺點，可能也是值得的。如果你的工作需要不受打擾地專注，其實愈來愈多工作需要專注，開放式辦公室可能對工作生產力有害。

如果你是管理者，在改用開放式辦公室之前，先思考一下團隊的工作性質。如果你真的認為值得為這種辦公室設計犧牲一點生產力，那一定要教育員工如何管理干擾。研究發現，團隊了解工作干擾的代價有多大以後，干擾也少了 30％。[26]

同樣值得研究的是，你（或你的團隊）面臨的多數干擾是否來自某個共同的來源。例如，當你身為程式設計師的領導者，最常受到的干擾是產品的相關要求和疑問。你可以開發一種工具，讓團隊以外的人提議新功能，也留下更實用的記錄。如此一來，干擾的頻率可以減少，付出的代價比較小。[27] 如果你無法避免採用開放式辦公室，一定要指定一個安靜的區域，讓員工可以在不受干擾下極度專注地做事。

建立專注的慣例

目前為止，我們已經介紹過如何把極度專注力模式和分散注意力模式一起融入生活中，並養成每天進入這兩種模式的習慣。

每天至少進入一次極度專注力模式，處理最有生產力的任務；排除干擾，專注在一件重要的事情上。每天多次進入分散注意力模式，尤其是習慣性的分散注意力模式，以便規劃未來，串連資訊點，恢復注意力，以利再次進入極度專注力模式。你在家裡也可以如法炮製，在極度專注力模式下從事有意義的活動和對話，在分散注意力模式下進行規劃、休息或思考新構想。

有些時候，你可能發現自己比較需要其中一種模式。我最喜歡的每週慣例之一是專注的儀式，我把它排在每週日晚上或週一早上進行，藉此規劃那一週的活動。我會趁那個時段決定當週的三大目標，事先評估未來幾天需要多常進入極度專注力模式及分散注意力模式。說我花了**很多**時間規劃要花多少時間在這兩種模式上是騙人的。但我確實會思考一下，那一週採用哪種模式會讓我收穫更多。

你為個人的時間表排程時，可以自問下列問題：

• 本週我需要多少生產力和創意？最後期限逼近時，是否表示我需要比平時更常進入極度專注力模式？或者，我有更多空間可以規劃未來及串連各種資訊點嗎？

- 哪些已經約定好的事情會導致我無法進入極度專注力模式和分散注意力模式（例如出差、參加累人的大會或是開許多會議）？我如何提前處理那些障礙？

- 我可以把多少時間拿來進入極度專注力模式和分散注意力模式？我可以先在行事曆上寫下那些時段嗎？

覺察

最後一章探索了許多可以幫你更善用注意力的概念。例如，追求快樂、配合精力起伏工作、適時攝取酒精和咖啡因、考慮辦公環境，以及規劃一週行事曆時也考慮到極度專注力模式和分散注意力模式的排程，這些方法都可以幫你更用心管理注意力。

善加管理注意力最重要的概念在於「覺察」，隨時謹記這個概念非常關鍵。

你愈注意占據著注意力空間的事物、你有多少精力以及注意力空間有多滿時，就會變得愈機靈，能夠隨著情境靈活地調整。例如，如果某個問題令你百思不解，覺察可以幫你判斷這個問題比較需要深入分析，還是需要發揮創意解題，接著你就可以據此判斷該進入哪一種模式。[28]

訓練大腦覺察更敏銳的有效方法之一，是第三章提過的每小時覺察響鈴。鈴聲響起時，思考當下占據著你的注意力空間的事物以及你的專注程度。你可能尚未嘗試本書提過的每項建議，但可以先試試這個方法。除了每小時一次的覺察提醒以外，你也可以在職場及家中挑幾個每天一定會遇到的線索，以提醒自己檢查注意力空間。

覺察是貫穿本書多數技巧的主軸。當你注意到占據注意力的事物時，就能把它導向更重要、更有意義的事情。你將因此更有目的地做事、專注得更久，並且更少放空，這些條件都會改善你的注意力和生活品質。

覺察其實就是注意事物的流程，很多東西都需要你投入心思。我希望你已經發現，自己的注意力有那些奇妙的運作方式。或許你也已經注意到自己的注意力品質：你每天用心做事的時間有多久、每次全神貫注的時間有多長，以及大腦放空多久以後你才意識到。也許你已經注意到，自己多常在無意間關注新奇、愉悅或有威脅性的事物。也許你已經注意到，你關注的事物多快就從注意力空間中穿梭而過，並且消逝於無形。

總之，我希望你變得更有生產力、更有創意，覺得做起事來更有意義。

妥善管理注意力的威力

妥善管理注意力的好處不勝枚舉。

首先，當你關閉慣性模式，用心管理注意力時，會覺得更有掌控力。你開始了解到注意力的局限，更擅長利用有限的注意力工作，知道何時可以多工作業、何時不該一心多用。你的生活因此變得更有意義，因為你更關注有意義的經歷，以更深入的方式處理那些經歷。就這方面來說，意義不是我們試圖去發現的事物，而是我們努力去注意的事物。你因此完成更多任務，因為你可以專注在重要的事情上。你的思考變得更清晰，工作更投入。你更常規劃未來及設定目標。你感覺自己獲得更充分的休息，不再為了暫時抽離工作而感到內疚。你也串連起更多資訊點，同時為某些主題蒐集更多的構想，進一步激發好奇心。這可以使你變得更有創造力，讓你更聰明、更直觀地工作，並在創意專案上達到更好的成效。

極度專注力模式可以幫你在較短的時間內，完成大量的工作。分散注意力模式可以幫你串連想法，發掘靈感，變得更有創意，規劃未來，也更充分地休息。兩者搭配起來活用，可以讓你的工作和生活變得更有意義。

注意力是你可以用來提高生產力、創意、生活意義的最強大工具。好好管理它，就能幫你講更多時間和精力挹注於最重要的任務，更常用心地工作，專注得更久，減少沒必要的恍神放空。

希望你能明智地善用它。

謝辭

　　本書誕生仰賴數十人參與，他們的付出集合起來，可能比我自己付出的心血還多。

　　首先，我尚未親自見過促成本書的許多人。他們的研究成果讓我可以站在他們的肩膀上看得更遠，蒐集到寶貴的資訊。謝謝那些研究成果收錄在本書內文及附錄中的專家，特別感謝微軟研究中心的 Gloria Mark、Mary Czerwinski、Shamsi Iqbal 親自與我見面，而且不只一次，而是三次。也感謝 Jonathan Schooler、Jonathan Smallwood、Peter Gollwitzer、Sophie Leroy 大方同意接受我的訪談。

　　我的經紀人 Lucinda Blumenfeld 從一開始就對本書充滿信心，她也是每位作者夢寐以求的最佳夥伴。她是少數不怕對你透露真實想法的人，但同時也會持續地支持你。能夠與這樣有才華及大方的經紀人合作，真是三生有幸。我在維京出版社的編輯 Rick Kot 也是從一開始就對這本書的概念充滿信心，並放手讓我創作。寫這本書最棒的一點，就是能和他共事，他是我遇過最聰明、最有才華、最善良的人之一（我甚至不需要再拍他馬屁，因為他已經把編輯稿寄給我）。感謝加拿大蘭登書屋的編輯 Craig Pyette，他才華橫溢，他的編輯意見讓這本書變得更加流暢。也感謝 Diego Núñez、Connor Eck、Norma Barksdale 在出版過程中提供的寶貴支援。

我也要感謝 Hilary Duff 和 Victoria Klassen，她們幫我研究及編輯了這本書。我很容易寫出冗長的長篇大論，Hilary 幫我從書中刪除數千字贅言，讓讀者省下約兩小時的生命，所以你可能也要感謝她。Victoria 是第二次幫我大忙，她不僅幫我核實了這本書收錄的資料，也幫我整理注解，這是我避之唯恐不及的任務，她幫我完成了，真是感謝！

除了幫我出版這本書的人，還有許多人也幫了我不少忙。感謝 Hal Fessenden 和 Jennifer Choi 幫我們在美國和加拿大之外找到出色的出版商，包括英國麥克米倫出版社的 Robin Harvie。感謝 Carolyn Coleburn、Ben

Petrone、Lydia Hirt、Nora Alice Demick、Alex McGill 在美國和加拿大分享這本書的概念。也感謝我有幸共事四年以上的 Luise Jorgensen，我真的不知道少了 Luise 該怎麼辦（我可沒有誇大其詞）。

感謝讀者，其中有些人閱讀我的文章多年，希望你們覺得這本書值得花時間研讀，也覺得這本書及日後的作品可以為你帶來很大的收穫。

最後，我要感謝今生的摯愛 Ardyn，她是我的頭號讀者，希望她永遠都是。她比任何人更擅長測試我的概念可行性，也幫我把一些原始概念建構得更扎實。不過，相較於工作，更重要的是，在本書的撰寫過程中，她成了我的未婚妻。對我來說，Ardyn 是獨一無二的，謝謝妳讓我深深感受到愛。

注釋

第0章　無所不在的注意力

1. Shi Feng, Sidney D'Mello, and Arthur C. Graesser, "Mind Wandering While Reading Easy and Difficult Texts," *Psychonomic Bulletin & Review* 20, no. 3 (2013): 586– 92.
2. Gloria Mark et al., "Neurotics Can't Focus: An in situ Study of Online Multitasking in the Workplace," in *Proceedings of the 2016 CHI Conference on Human Factors in Computing Systems* (New York: ACM, 2016), 1739– 44, doi:10.1145/ 2858036.2858202.

第0.5章　專注閱讀本書的七種技巧

1. David Mrazik, "Reconsidering Caffeine: An Awake and Alert New Look at America's Most Commonly Consumed Drug" (third- year paper, Harvard University, 2004), DASH: Digital Access to Scholarship at Harvard.

第1章　關閉慣性模式

1. Wendy Wood, Jeffrey Quinn, and Deborah Kashy, "Habits in

Everyday Life: Thought, Emotion, and Action," *Journal of Personality and Social Psychology* 83, no. 6 (2002): 1281– 97.

2. Erik D. Reichle, Andrew E. Reineberg, and Jonathan W. Schooler, "Eye Movements During Mindless Reading," *Psychological Science* 21, no. 9 (2010): 1300– 1310.

第2章　注意力是有限的資源

1. Timothy Wilson, *Strangers to Ourselves: Discovering the Adaptive Unconscious* (Cambridge, MA: Belknap Press, 2004).

2. TED, "Mihaly Csikszentmihalyi: Flow, the Secret to Happiness," YouTube, October 24, 2008, www.youtube.com/ watch? v= fXIeFJCqsPs.

3. Nelson Cowan, "The Magical Mystery Four: How Is Working Memory Capacity Limited, and Why?" *Current Directions in Psychological Science* 19, no. 1 (2010): 51– 57; Edward K. Vogel and Steven J. Luck, "The Capacity of Visual Working Memory for Features and Conjunctions," Nature 390, no. 6657 (1997): 279– 81; Nelson Cowan, "The Magical Number 4 in Short- term Memory: A Reconsideration of Mental Storage Capacity," *Behavioral and Brain Sciences* 24, no. 1 (2001): 87– 114.

4. Giorgio Marchetti, "Attention and Working Memory: Two Basic Mechanisms for Constructing Temporal Experiences," *Frontiers in Psychology* 5 (2014): 880.

5. Ferris Jabr, "Does Thinking Really Hard Burn More Calories?" *Scientific American*, July 2012; Cowan, "Magical Mystery Four."

6. Klaus Oberauer, "Design for a Working Memory," *Psychology of Learning and Motivation* 51 (2009): 45– 100.

7. Marchetti, "Attention and Working Memory."

8. 同前注。

9. Shi Feng, Sidney D'Mello, and Arthur C. Graesser, "Mind Wandering While Reading Easy and Difficult Texts," *Psychonomic Bulletin & Review* 20, no. 3 (2013): 586– 92.

10. Jonathan Smallwood and Jonathan W. Schooler, "The Science of Mind Wandering: Empirically Navigating the Stream of Consciousness," *Annual Review of Psychology* 66, no. 1 (2015): 487– 518; Matthew A. Killingsworth and Daniel T. Gilbert, "A Wandering Mind Is an Unhappy Mind," Science 330, no. 6006 (2010): 932.

11. Jonathan Smallwood, Merrill McSpadden, and Jonathan W. Schooler, "When Attention Matters: The Curious Incident of the Wandering Mind," *Memory & Cognition* 36, no. 6 (2008): 1144– 50.

12. Jennifer C. McVay, Michael J. Kane, and Thomas R. Kwapil, "Tracking the Train of Thought from the Laboratory into Everyday Life: An Experience- Sampling Study of Mind Wandering Across Controlled and Ecological Contexts," *Psychonomic Bulletin & Review* 16, no. 5 (2009): 857– 63.

13. Adam D. Baddeley, *Essentials of Human Memory* (Hove, UK: Psychology Press, 1999).

14. Daniel J. Levitin, "Why the Modern World Is Bad for Your Brain," *Guardian*, January 18, 2015.

15. Robert Knight and Marcia Grabowecky, "Prefrontal Cortex, Time, and Consciousness," *Knight Lab, Cognitive Neuroscience Research Lab*, 2000.

16. Marchetti, "Attention and Working Memory."

17. Eyal Ophir et al., "Cognitive Control in Media Multitaskers,"

Proceedings of the National Academy of Sciences of the United States of America 106, no. 37 (2009): 15583– 87.

18. Gloria Mark et al., "Neurotics Can't Focus: An *in situ* Study of Online Multitasking in the Workplace," in *Proceedings of the 2016 CHI Conference on Human Factors in Computing Systems* (New York: ACM, 2016), 1739– 44, doi:10.1145/ 2858036.2858202.

19. Gloria Mark, Yiran Wang, and Melissa Niiya, "Stress and Multitasking in Everyday College Life: An Empirical Study of Online Activity," in *Proceedings of the SIGCHI Conference on Human Factors in Computing Systems* (New York: ACM 2014), 41– 50, doi:10.1145/ 2556288.2557361.

20. Sophie Leroy, "Why Is It So Hard to Do My Work? The Challenge of Attention Residue When Switching Between Work Tasks," *Organizational Behavior and Human Decision Processes* 109, no. 2 (2009): 168– 81.

21. 同前注。

22. Mark et al., "Neurotics Can't Focus."

23. Killingsworth and Gilbert, "A Wandering Mind Is an Unhappy Mind."

第3章 極度專注力模式的威力

1. Gordon D. Logan and Matthew J. C. Crump, "The Left Hand Doesn't Know What the Right Hand Is Doing: The Disruptive Effects of Attention to the Hands in Skilled Typewriting," *Psychological Science* 20, no. 10 (2009): 1296– 300; Sian L. Beilock et al., "When Paying Attention Becomes Counterproductive: Impact of Divided Versus Skill- Focused Attention on Novice and

Experienced Performance of Sensorimotor Skills," *Journal of Experimental Psychology: Applied* 8, no. 1 (2002): 6–16.

2. Shi Feng, Sidney D'Mello, and Arthur C. Graesser, "Mind Wandering While Reading Easy and Difficult Texts," *Psychonomic Bulletin & Review* 20, no. 3 (2013): 586–92.

3. Jonathan W. Schooler et al., "Meta-awareness, Perceptual Decoupling and the Wandering Mind," *Trends in Cognitive Sciences* 15, no. 7 (2011): 319–26.

4. Wendy Hasenkamp et al., "Mind Wandering and Attention During Focused Meditation: A Fine-Grained Temporal Analysis of Fluctuating Cognitive States," *Neuroimage* 59, no. 1 (2012): 750–60.

5. Matthew A. Killingsworth and Daniel T. Gilbert, "A Wandering Mind Is an Unhappy Mind," Science 330, no. 6006 (2010): 932.

6. Gloria Mark, Victor Gonzalez, and Justin Harris, "No Task Left Behind? Examining the Nature of Fragmented Work," in *Proceedings of the SIGCHI Conference on Human Factors in Computing Systems* (New York: ACM, 2005), 321–30, doi:10.1145/1054972.1055017.

7. Claire M. Zedelius et al., "Motivating Meta-awareness of Mind Wandering: A Way to Catch the Mind in Flight?" *Consciousness and Cognition* 36 (2015): 44–53.

8. Peter M. Gollwitzer and Veronika Brandstätter, "Implementation Intentions and Effective Goal Pursuit," *Journal of Personality and Social Psychology* 73, no. 1 (1997): 186–99; Peter M. Gollwitzer, "Implementation Intentions: Strong Effects of Simple Plans," *American Psychologist* 54, no. 7 (1999): 493–503.

9. Gollwitzer and Brandstätter, "Implementation Intentions and

Effective Goal Pursuit," Gollwitzer, "Implementation Intentions: Strong Effects of Simple Plans."

10. Gollwitzer and Brandstätter, "Implementation Intentions and Effective Goal Pursuit."

11. Gollwitzer, "Implementation Intentions."

12. Allan Blunt, "Task Aversiveness and Procrastination: A Multi-dimensional Approach to Task Aversiveness Across Stages of Personal Projects" (master's thesis, Department of Psychology, Carleton University, 1998).

第4章　抑制干擾

1. Gloria Mark et al., "Neurotics Can't Focus: An in situ Study of Online Multitasking in the Workplace," in *Proceedings of the 2016 CHI Conference on Human Factors in Computing Systems* (New York: ACM, 2016), 1739–44, doi:10.1145/ 2858036.2858202.

2. Gloria Mark et al., "Focused, Aroused, but So Distractible: Temporal Perspectives on Multitasking and Communications," in *Proceedings of the 18th ACM Conference on Computer Supported Cooperative Work & Social Computing* (New York: ACM, 2015), 903–916, doi:10.1145/2675133.2675221.

3. Gloria Mark, Daniela Gudith, and Ulrich Klocke, "The Cost of Interrupted Work: More Speed and Stress," in *Proceedings of the SIGCHI Conference on Human Factors in Computing Systems* (New York: ACM 2008), 107–110, doi:10.1145/1357054.1357072.

4. Victor Gonzalez and Gloria Mark, "Constant, Constant, Multi-tasking Craziness: Managing Multiple Working Spheres," in *Proceedings of the SIGCHI Conference on Human Factors in Computing*

Systems (New York: ACM, 2004), 599– 606, doi:10.1145/985692.985707.

5. Gloria Mark, Victor Gonzalez, and Justin Harris, "No Task Left Behind? Examining the Nature of Fragmented Work," in *Proceedings of the SIGCHI Conference on Human Factors in Computing Systems* (New York: ACM, 2005), 321– 30, doi:10.1145/1054972.1055017.

6. Fiona McNab et al., "Age- Related Changes in Working Memory and the Ability to Ignore Distraction," *Proceedings of the National Academy of Sciences* 112, no. 20 (2015): 6515– 18.

7. Leonard M. Giambra, "Task- Unrelated- Thought Frequency as a Function of Age: A Laboratory Study," *Psychology and Aging* 4, no. 2 (1989): 136– 43.

8. IORG Forum, "Rhythms of Attention, Focus and Mood with Digital Activity— Dr. Gloria Mark," YouTube, July 6, 2014, https://www.you tube.com/watch? v= 0NUlFhxcVWc.

9. Rani Molla, "How Apple's iPhone Changed the World: 10 Years in 10 Charts," *Recode*, June 2017.

10. Mark et al., "Focused, Aroused, but So Distractible."

11. Mark, Gonzalez, and Harris, "No Task Left Behind?"; González and Mark, "Constant, Constant, Multi- tasking Craziness."

12. Mark, Gonzalez, and Harris, "No Task Left Behind?"; Ioanna Katidioti et al., "Interrupt Me: External Interruptions Are Less Disruptive Than Self- Interruptions," *Computers in Human Behavior* 63, (2016): 906– 15.

13. Mark, Gudith, and Klocke, "Cost of Interrupted Work."

14. David Mrazik, "Reconsidering Caffeine: An Awake and Alert New Look at America's Most Commonly Consumed Drug" (third- year

paper, Harvard University, 2004), DASH: Digital Access to Scholarship at Harvard.

15. Jennifer A. A. Lavoie and Timothy A. Pychyl, "Cyberslacking and the Procrastination Superhighway: A Web- Based Survey of Online Procrastination, Attitudes, and Emotion," *Social Science Computer Review* 19, no. 4 (2001): 431– 44.

16. Mark, Iqbal, and Czerwinski, "How Blocking Distractions Affects Workplace Focus."

17. Gloria Mark, Shamsi Iqbal, and Mary Czerwinski, "How Blocking Distractions Affects Workplace Focus and Productivity," in *Proceedings of the 2017 ACM International Joint Conference on Pervasive and Ubiquitous Computing and Proceedings of the 2017 ACM International Symposium on Wearable Computers* (New York: ACM Press, 2017), 928– 34, doi:10.1145/3123024.3124558.

18. John C. Loehlin and Nicholas G. Martin, "The Genetic Correlation Between Procrastination and Impulsivity," *Twin Research and Human Genetics: The Official Journal of the International Society for Twin Studies* 17, no. 6 (2014): 512– 15.

19. John Trougakos and Ivona Hideg, "Momentary Work Recovery: The Role of Within- Day Work Breaks," in *Current Perspectives on Job- Stress Recovery, vol. 7, Research in Occupational Stress and Well-being*, ed. Sabine Sonnentag, Pamela L. Perrewé, and Daniel C. Ganster (West Yorkshire, UK: Emerald Group, 2009).

20. Gloria Mark, Yiran Wang, and Melissa Niiya, "Stress and Multitasking in Everyday College Life: An Empirical Study of Online Activity," in *Proceedings of the SIGCHI Conference on Human Factors in Computing Systems* (New York: ACM, 2014), 41– 50,

doi:10.1145/2556288.2557361.

21. Ashish Gupta, Ramesh Sharda, and Robert A. Greve, "You've Got Email! Does It Really Matter to Process Emails Now or Later?" *Information Systems Frontiers* 13, no. 5 (2011): 637.

22. Gloria Mark et al., "Focused, Aroused, but So Distractible: Temporal Perspectives on Multitasking and Communications," in *Proceedings of the 18th ACM Conference on Computer Supported Cooperative Work & Social Computing* (New York: ACM, 2015), 903– 16, doi:10.1145/ 2675133.2675221.

23. Thomas Jackson, Ray Dawson, and Darren Wilson, "Reducing the Effect of Email Interruptions on Employees," *International Journal of Information Management* 23, no. 1 (2003): 55– 65.

24. Gupta, Sharda, and Greve, "You've Got Email!"

25. Gloria Mark, Stephen Voida, and Armand Cardello, "A Pace Not Dictated by Electrons: An Empirical Study of Work Without Email," in P*roceedings of the SIGCHI Conference on Human Factors in Computing Systems* (New York: ACM, 2012), 555– 64, doi:10.1145/2207676.2207754.

26. Infocom, "Meetings in America: A Study of Trends, Costs, and Attitudes Toward Business Travel and Teleconferencing, and Their Impact on Productivity" (Verizon Conferencing white paper).

27. Chris Bailey, "The Five Habits of Happier, More Productive Workplaces" (Zipcar white paper, October 19, 2016).

28. Shalini Misra et al., "The iPhone Effect: The Quality of In-Person Social Interactions in the Presence of Mobile Devices," *Environment and Behavior* 48, no. 2 (2016): 275– 98.

29. Andrew K. Przybylski and Netta Weinstein, "Can You Connect with

Me Now? How the Presence of Mobile Communication Technology Influences Face-to-Face Conversation Quality," *Journal of Social and Personal Relationships* 30, no. 3 (2013): 237– 46.

30. Kathleen D. Vohs, Joseph P. Redden, and Ryan Rahinel, "Physical Order Produces Healthy Choices, Generosity, and Conventionality, Whereas Disorder Produces Creativity," *Psychological Science* 24, no. 9 (2013): 1860– 67.

31. Michael J. Larson, et al., "Cognitive and Typing Outcomes Measured Simultaneously with Slow Treadmill Walking or Sitting: Implications for Treadmill Desks," *PloS One* 10, no. 4 (2015): 1– 13.

32. Shawn Achor, *The Happiness Advantage: The Seven Principles of Positive Psychology That Fuel Success and Performance at Work* (New York: Currency, 2010).

33. Florence Williams, "This Is Your Brain on Nature," *National Geographic*, January 2016.

34. Greg Peverill- Conti, "Captivate Office Pulse Finds Summer Hours Are Bad for Business," *InkHouse for Captivate*, June 2012.

35. Morgan K. Ward, Joseph K. Goodman, and Julie R. Irwin, "The Same Old Song: The Power of Familiarity in Music Choice," *Marketing Letters* 25, no. 1 (2014): 1– 11; Agnes Si-Qi Chew et al., "The Effects of Familiarity and Language of Background Music on Working Memory and Language Tasks in Singapore," *Psychology of Music* 44, no. 6 (2016): 1431– 38.

36. Lauren L. Emberson et al., "Overheard Cell- phone Conversations: When Less Speech Is More Distracting," *Psychological Science* 21, no. 10 (2010): 1383– 88.

37. Adrian Furnham and Anna Bradley, "Music While You Work: The

Differential Distraction of Background Music on the Cognitive Test Performance of Introverts and Extraverts," *Applied Cognitive Psychology* 11, no. 5 (1997): 445– 55.

38. Faria Sana, Tina Weston, and Nicholas J. Cepeda, "Laptop Multitasking Hinders Classroom Learning for Both Users and Nearby Peers," *Computers & Education* 62, (2013): 24– 31.

39. Evan F. Risko et al., "Everyday Attention: Mind Wandering and Computer Use During Lectures," *Computers & Education* 68, (2013): 275– 83.

40. Laura L. Bowman et al., "Can Students Really Multitask? An Experimental Study of Instant Messaging While Reading," *Computers & Education* 54, no. 4 (2010): 927 31.

第5章　養成極度專注力的習慣

1. Jennifer C. McVay, Michael J. Kane, and Thomas R. Kwapil, "Tracking the Train of Thought from the Laboratory into Everyday Life: An Experience- Sampling Study of Mind Wandering Across Controlled and Ecological Contexts," *Psychonomic Bulletin & Review* 16, no. 5 (2009): 857– 63; Paul Seli et al., "Mind- Wandering With and Without Intention," *Trends in Cognitive Sciences* 20, no. 8 (2016): 605– 617; Benjamin Baird et al., "Inspired by Distraction: Mind Wandering Facilitates Creative Incubation," *Psychological Science* 23, no. 10 (2012): 1117– 22.

2. Gloria Mark, Yiran Wang, and Melissa Niiya, "Stress and Multitasking in Everyday College Life: An Empirical Study of Online Activity," in *Proceedings of the SIGCHI Conference on Human Factors in Computing Systems* (New York: ACM, 2014), 41– 50,

doi:10.1145/2556288.2557361.

3. Gloria Mark et al., "Bored Mondays and Focused Afternoons: The Rhythm of Attention and Online Activity in the Workplace," in *Proceedings of the SIGCHI Conference on Human Factors in Computing Systems* (New York: ACM, 2014), 3025– 34, doi:10.1145/ 2556288.2557204.

4. Jennifer C. McVay and Michael J. Kane, "Conducting the Train of Thought: Working Memory Capacity, Goal Neglect, and Mind Wandering in an Executive- Control Task," *Journal of Experimental Psychology: Learning, Memory, and Cognition* 35, no. 1 (2009): 196– 204.

5. Benjamin Baird, Jonathan Smallwood, and Jonathan W. Schooler, "Back to the Future: Autobiographical Planning and the Functionality of Mind- Wandering," *Consciousness and Cognition* 20, no. 4 (2011): 1604.

6. 同前注。

7. Klaus Oberauer et al., "Working Memory and Intelligence: Their Correlation and Their Relation: Comment on Ackerman, Beier, and Boyle (2005)," *Psychological Bulletin* 131, no. 1 (2005): 61– 65.

8. Roberto Colom et al., "Intelligence, Working Memory, and Multitasking Performance," *Intelligence* 38, no. 6 (2010): 543– 51.

9. Adam Hampshire et al., "Putting Brain Training to the Test," *Nature* 465, no. 7299 (2010): 775– 78.

10. Michael D. Mrazek et al., "Mindfulness Training Improves Working Memory Capacity and GRE Performance While Reducing Mind Wandering," *Psychological Science* 24, no. 5 (2013): 776– 81.

11. 同前注。

12. Jonathan Smallwood and Jonathan W. Schooler, "The Science of Mind Wandering: Empirically Navigating the Stream of Consciousness," *Annual Review of Psychology* 66, no. 1 (2015): 487–518.

13. Dianna Quach et al., "A Randomized Controlled Trial Examining the Effect of Mindfulness Meditation on Working Memory Capacity in Adolescents," *Journal of Adolescent Health* 58, no. 5 (2016): 489–96.

14. E. I. de Bruin, J. E. van der Zwan, and S. M. Bogels, "A RCT Comparing Daily Mindfulness Meditations, Biofeedback Exercises, and Daily Physical Exercise on Attention Control, Executive Functioning, Mindful Awareness, Self- Compassion, and Worrying in Stressed Young Adults," *Mindfulness* 7, no. 5 (2016): 1182– 92.

15. David W. Augsburger, *Caring Enough to Hear and Be Heard.* (Ventura, CA: Regal Books, 1982).

第6章　大腦的隱藏創意模式

1. J. R. Binder et al., "Conceptual Processing During the Conscious Resting State: A Functional MRI Study," *Journal of Cognitive Neuroscience* 11, no. 1 (1999): 80– 93.

2. Paul Seli, Evan F. Risko, and Daniel Smilek, "On the Necessity of Distinguishing Between Unintentional and Intentional Mind Wandering," *Psychological Science* 27, no. 5 (2016): 685– 91.

3. University of Virginia, "Doing Something Is Better Than Doing Nothing for Most People, Study Shows," *EurekAlert!*, July 2014.

4. Amit Sood and David T. Jones, "On Mind Wandering, Attention, Brain Networks, and Meditation," *Explore* 9, no. 3 (2013): 136– 41.

5. Benjamin Baird, Jonathan Smallwood, and Jonathan W. Schooler, "Back to the Future: Autobiographical Planning and the Functionality of Mind- Wandering," *Consciousness and Cognition* 20, no. 4 (2011).

6. Benjamin Baird, Jonathan Smallwood, and Jonathan W. Schooler, "Back to the Future" Jonathan W. Schooler et al., "Meta- awareness, Perceptual Decoupling and the Wandering Mind," *Trends in Cognitive Sciences* 15, no. 7 (2011): 319– 26.

7. Sérgio P. C. Correia, Anthony Dickinson, and Nicola S. Clayton, "Western Scrub- jays Anticipate Future Needs Independently of Their Current Motivational State," *Current Biology* 17, no. 10 (2007): 856– 61.

8. Dan Pink, *When: The Scientific Secrets of Perfect Timing* (New York: Riverhead Books, 2018).

9. Zoran Josipovic et al., "Influence of Meditation on Anti- correlated Networks in the Brain," *Frontiers in Human Neuroscience* 183, no. 5 (2012).

10. Mary Helen Immordino- Yang, Joanna A. Christodoulou, and Vanessa Singh, "Rest Is Not Idleness: Implications of the Brain's Default Mode for Human Development and Education," *Perspectives on Psychological Science* 7, no. 4 (2012): 352– 64.

11. Jonathan Smallwood, interview with the author, November 28, 2017.

12. Jessica R. Andrews- Hanna, "The Brain's Default Network and Its Adaptive Role in Internal Mentation," *The Neuroscientist: A Review Journal Bridging Neurobiology, Neurology and Psychiatry* 18, no. 3 (2012): 251; Baird, Smallwood, and Schooler, "Back to the Future."

13. Jonathan Smallwood, Florence J. M. Ruby, and Tania Singer, "Letting Go of the Present: Mind- Wandering Is Associated with Reduced Delay Discounting," *Consciousness and Cognition* 22, no. 1 (2013): 1– 7.

14. Smallwood interview.

15. Gabriele Oettingen and Bettina Schwörer, "Mind Wandering via Mental Contrasting as a Tool for Behavior Change," *Frontiers in Psychology* 4 (2013): 562.

16. Baird, Smallwood, and Schooler, "Back to the Future."

17. Rebecca L. McMillan, Scott Barry Kaufman, and Jerome L. Singer, "Ode to Positive Constructive Daydreaming," *Frontiers in Psychology* 4 (2013): 626.

18. Jonathan Smallwood et al., "Shifting Moods, Wandering Minds: Negative Moods Lead the Mind to Wander," *Emotion* 9, no. 2 (2009): 271– 76.

19. Baird, Smallwood, and Schooler, "Back to the Future."

20. Giorgio Marchetti, "Attention and Working Memory: Two Basic Mechanisms for Constructing Temporal Experiences," *Frontiers in Psychology* 5 (2014): 880.

21. Jonathan Schooler, interview with the author, November 28, 2017; Jonathan Smallwood, Louise Nind, and Rory C. O'Connor, "When Is YourHead At? An Exploration of the Factors Associated with the Temporal Focus of the Wandering Mind," *Consciousness and Cognition* 18, no. 1 (2009): 118– 25.

22. Benjamin W. Mooneyham and Jonathan W. Schooler, "The Costs and Benefits of Mind- Wandering: A Review," *Canadian Journal of Experimental Psychology/ Revue canadienne de psychologie*

expérimentale 67, no. 1 (2013): 11– 18; Benjamin Baird et al., "Inspired by Distraction: Mind Wandering Facilitates Creative Incubation," *Psychological Science* 23, no. 10 (2012): 1117– 22.

23. Paul Seli et al., "Intrusive Thoughts: Linking Spontaneous Mind Wandering and OCD Symptomatology," *Psychological Research* 81, no. 2 (2017): 392– 98.

24. Daniel L. Schacter, Randy L. Buckner, and Donna Rose Addis, "Remembering the Past to Imagine the Future: The Prospective Brain," *Nature Reviews Neuroscience* 8, no. 9 (2007): 657– 61.

25. Schooler et al., "Meta- awareness, Perceptual Decoupling and the Wandering Mind."

26. 同前注。

第7章　恢復注意力

1. Kenichi Kuriyama et al., "Sleep Accelerates the Improvement in Working Memory Performance," *Journal of Neuroscience* 28, no. 40 (2008): 10145– 50.

2. Jennifer C. McVay, Michael J. Kane, and Thomas R. Kwapil, "Tracking the Train of Thought from the Laboratory into Everyday Life: An Experience- Sampling Study of Mind Wandering Across Controlled and Ecological Contexts," *Psychonomic Bulletin & Review* 16, no. 5 (2009): 857– 63; Paul Seli et al., "Increasing Participant Motivation Reduces Rates of Intentional and Unintentional Mind Wandering," *Psychological Research* (2017), doi:10.1007/s00426-017-0914-2.

3. John Trougakos and Ivona Hideg, "Momentary Work Recovery: The Role of Within- Day Work Breaks," in *Current Perspectives on*

Job- Stress Recovery, vol. 7, Research in Occupational Stress and Well-being, ed. Sabine Sonnentag, Pamela L. Perrewé, and Daniel C. Ganster (West Yorkshire, UK: Emerald Group, 2009).

4.　同前注。

5.　Florence Williams, "This Is Your Brain on Nature," *National Geographic*, January 2016.

6.　Sophia Dembling, "Introversion and the Energy Equation," *Psychology Today*, November 2009.

7.　Rhymer Rigby, "Open Plan Offices Are Tough on Introverts," *Financial Times*, October 2015.

8.　Peretz Lavie, Jacob Zomer, and Daniel Gopher, "Ultradian Rhythms in Prolonged Human Performance" (ARI Research Note 95-30, U.S. Army Research Institute for the Behavioral and Social Sciences, 1995).

9.　Julia Gifford, "The Rule of 52 and 17: It's Random, but It Ups Your Productivity," The Muse, no date.

10.　Kuriyama et al., "Sleep Accelerates the Improvement in Working Memory Performance."

11.　James Hamblin, "How to Sleep," Atlantic, January 2017.

12.　Bronwyn Fryer, "Sleep Deficit: The Performance Killer," *Harvard Business Issue*, October 2006; Paula Alhola and Päivi Polo- Kantola, "Sleep Deprivation: Impact on Cognitive Performance," *Neuropsychiatric Disease and Treatment* 3, no. 5 (2007): 553.

13.　G. William Domhoff and Kieran C. R. Fox, "Dreaming and the Default Network: A Review, Synthesis, and Counterintuitive Research Proposal," *Consciousness and Cognition* 33 (2015): 342–53.

14. 同前注。

15. Gloria Mark et al., "Sleep Debt in Student Life: Online Attention Focus, Facebook, and Mood," in *Proceedings of the Thirty- fourth Annual SIGCHI Conference on Human Factors in Computing Systems* (New York: ACM, 2016), 5517– 28, doi:10.1145/2858036.2858437.

16. Gloria Mark, Yiran Wang, and Melissa Niiya, "Stress and Multitasking in Everyday College Life: An Empirical Study of Online Activity," in *Proceedings of the SIGCHI Conference on Human Factors in Computing Systems* (New York: ACM, 2014), 41– 50, doi:10.1145/ 2556288.2557361.

17. Trougakos and Hideg, "Momentary Work Recovery."

第8章　串連資訊點

1. J. Gläscher et al., "Distributed Neural System for General Intelligence Revealed by Lesion Mapping," *Proceedings of the National Academy of Sciences of the United States of America* 107, no. 10 (2010): 4705– 9.

2. Randy L. Buckner, "The Serendipitous Discovery of the Brain's Default Network," *Neuroimage* 62, no. 2 (2012): 1137.

3. E. J. Masicampo and Roy F. Baumeister, "Unfulfilled Goals Interfere with Tasks That Require Executive Functions," *Journal of Experimental Social Psychology* 47, no. 2 (2011): 300– 311.

4. Jonathan Smallwood and Jonathan W. Schooler, "The Restless Mind," *Psychological Bulletin* 132, no. 6 (2006): 946– 58.

5. 同前注。

6. Jonah Lehrer, "The Eureka Hunt," *New Yorker*, July 2008.

7. S. Dali, The Secret Life of Salvador Dali (London: Vision Press,

1976); David Harrison, "Arousal Syndromes: First Functional Unit Revisited," in *Brain Asymmetry and Neural Systems* (Cham, Switzerland: Springer, 2015).

8. Denise J. Cai et al., "REM, Not Incubation, Improves Creativity by Priming Associative Networks," *Proceedings of the National Academy of Sciences of the United States of America* 106, no. 25 (2009): 10130– 34.

9. Carl Zimmer, "The Purpose of Sleep? To Forget, Scientists Say," *New York Times*, February 2017.

10. Marci S. DeCaro et al., "When Higher Working Memory Capacity Hinders Insight," *Journal of Experimental Psychology: Learning, Memory, and Cognition* 42, no. 1 (2016): 39– 49.

11. Colleen Seifert et al., "Demystification of Cognitive Insight: Opportunistic Assimilation and the Prepared- Mind Hypothesis," in *The Nature of Insight*, ed. R. Sternberg and J. Davidson (Cambridge, MA: MIT Press, 1994).

第9章　蒐集資訊點

1. Nelson Cowan, "What Are the Differences Between Long- term, Short- term, and Working Memory?" *Progress in Brain Research* 169 (2008): 323– 38.

2. Annette Bolte and Thomas Goschke, "Intuition in the Context of Object Perception: Intuitive Gestalt Judgments Rest on the Unconscious Activation of Semantic Representations," *Cognition* 108, no. 3 (2008): 608– 16.

3. Elizabeth Kolbert, "Why Facts Don't Change Our Minds," *New Yorker*, February 2017.

4. "The Cross-Platform Report: A New Connected Community," *Nielsen*, November 2012.

5. "Hazards of Prophecy: The Failure of Imagination," in *Profiles of the Future: An Enquiry into the Limits of the Possible* (New York: Harper & Row, 1962, rev. 1973), 14, 21, 36.

6. Malcolm Gladwell, *Outliers: The Story of Success*, (New York: Little, Brown and Co., 2008).

7. Walter Isaacson, *Einstein: His Life and Universe* (New York: Simon & Schuster, 2008), 352.

8. Isaacson, *Einstein*, 548.

9. 同前注。

10. 同注8，307。

11. Nick Mojica, "Lin- Manuel Miranda Freestyles Off the Dome During 5 Fingers of Death," *XXL Mag*, October 2017.

12. Daniel Levitin, *This Is Your Brain on Music: The Science of a Human Obsession* (New York: Dutton, 2008).

13. John Kounios, *The Eureka Factor: Aha Moments, Creative Insight, and the Brain* (New York: Random House, 2015), 208.

第10章　善加管理注意力

1. Gabriele Oettingen and Bettina Schwörer, "Mind Wandering via Mental Contrasting as a Tool for Behavior Change," *Frontiers in Psychology* 4 (2013): 562; Gabriele Oettingen, "Future Thought and Behaviour Change," *European Review of Social Psychology* 23, no. 1 (2012): 1– 63.

2. Matthew A. Killingsworth and Daniel T. Gilbert, "A Wandering Mind Is an Unhappy Mind," *Science* 330, no. 6006 (2010): 932.

3. Michael S. Franklin et al., "The Silver Lining of a Mind in the Clouds: Interesting Musings Are Associated with Positive Mood While Mind- Wandering," *Frontiers in Psychology* 4 (2013): 583.

4. Jonathan Smallwood et al., "Shifting Moods, Wandering Minds: Negative Moods Lead the Mind to Wander," *Emotion* 9, no. 2 (2009): 271– 76.

5. F. Gregory Ashby, Alice M. Isen, and And U. Turken, "A Neuropsychological Theory of Positive Affect and Its Influence on Cognition," *Psychological Review* 106, no. 3 (1999): 529– 50.

6. 同前注。

7. Jonathan Smallwood and Jonathan W. Schooler, "The Science of Mind Wandering: Empirically Navigating the Stream of Consciousness," *Annual Review of Psychology* 66, no. 1 (2015): 487– 518.

8. Jonathan Smallwood and Rory C. O'Connor, "Imprisoned by the Past: Unhappy Moods Lead to a Retrospective Bias to Mind Wandering," *Cognition & Emotion* 25, no. 8 (2011): 1481– 90.

9. Jonathan W. Schooler, interview with the author, November 28, 2017.

10. Jonathan Smallwood and Jonathan W. Schooler, "The Restless Mind," *Psychological Bulletin* 132, no. 6 (2006): 946– 58.

11. Karuna Subramaniam et al., "A Brain Mechanism for Facilitation of Insight by Positive Affect," *Journal of Cognitive Neuroscience* 21, no. 3 (2009): 415– 32.

12. Shawn Achor, *The Happiness Advantage: The Seven Principles of Positive Psychology That Fuel Success and Performance at Work* (New York: Currency, 2010).

13. Killingsworth and Gilbert, "A Wandering Mind Is an Unhappy Mind."

14. Shawn Achor, "The Happy Secret to Better Work," TED.com, 2011, www.ted.com/ talks/ shawn_ achor_ the_ happy_ secret_ to_ better_ work.

15. Mareike B. Wieth and Rose T. Zacks, "Time of Day Effects on Problem Solving: When the Non- optimal Is Optimal," *Thinking & Reasoning* 17, no. 4 (2011): 387– 401.

16. 同前注。

17. Gloria Mark et al., "Bored Mondays and Focused Afternoons: The Rhythm of Attention and Online Activity in the Workplace," in *Proceedings of the SIGCHI Conference on Human Factors in Computing Systems* (New York: ACM, 2014), 3025– 34, doi:10.1145/2556288.2557204.

18. Andrew F. Jarosz et al., "Uncorking the Muse: Alcohol Intoxication Facilitates Creative Problem Solving," *Consciousness and Cognition* 21, no. 1 (2012): 487– 93.

19. Michael A. Sayette, Erik D. Reichle, and Jonathan W. Schooler, "Lost in the Sauce: The Effects of Alcohol on Mind Wandering," *Psychological Science* 20, no. 6 (2009): 747– 52.

20. Jarosz, Colflesh, and Wiley. "Uncorking the Muse."

21. Tom M. McLellan, John A. Caldwell, and Harris R. Lieberman, "A Review of Caffeine's Effects on Cognitive, Physical and Occupational Performance," *Neuroscience & Biobehavioral Reviews* 71 (2016): 294– 312.

22. 同前注。

23. McLellan et al., "A Review of Caffeine's Effect."

24. Laura Dabbish, Gloria Mark, and Victor González, "Why Do I Keep Interrupting Myself? Environment, Habit and Self-Interruption," in *Proceedings of the SIGCHI Conference on Human Factors in Computing Systems* (New York: ACM, 2011), 3127– 30, doi:10.1145/1978942.1979405; Gloria Mark, Victor Gonzalez, and Justin Harris, "No Task Left Behind? Examining the Nature of Fragmented Work," *Proceedings of the SIGCHI Conference on Human Factors in Computing Systems* (New York: ACM, 2005), 321– 30, doi:10.1145/1054972.1055017.

25. Mark, Gonzalez, and Harris, "No Task Left Behind?"

26. R. van Solingen, E. Berghout, and F. van Latum, "Interrupts: Just a Minute Never Is," IEEE Software 15, no. 5 (1998): 97– 103; Edward R. Sykes, "Interruptions in the Workplace: A Case Study to Reduce Their Effects," *International Journal of Information Management* 31, no. 4 (2011): 385– 94.

27. van Solingen, Berghout, and van Latum, "Interrupts."

28. Claire M. Zedelius and Jonathan W. Schooler, "Mind Wandering 'Ahas' Versus Mindful Reasoning: Alternative Routes to Creative Solutions," *Frontiers in Psychology* 6 (2015): 834.

工作生活 BWL072

極度專注力：打造高績效的聰明工作法

Hyperfocus: How to Be More Productive in a World of Distraction

作者 —— 克里斯‧貝利（Chris Bailey）
譯者 —— 洪慧芳

事業群發行人／CEO／總編輯 —— 王力行
資深行政副總編輯 —— 吳佩穎
書系主編 —— 蘇鵬元
責任編輯 —— 王映茹
封面設計 —— FE 設計 葉馥儀

出版人 —— 遠見天下文化出版股份有限公司
創辦人 —— 高希均、王力行
遠見‧天下文化‧事業群　董事長 —— 高希均
事業群發行人／CEO —— 王力行
天下文化社長／總經理 —— 林天來
國際事務開發部兼版權中心總監 —— 潘欣
法律顧問 —— 理律法律事務所陳長文律師
著作權顧問 —— 魏啓翔律師
社址 —— 臺北市 104 松江路 93 巷 1 號
讀者服務專線 —— 02-2662-0012｜傳真 —— 02-2662-0007；02-2662-0009
電子郵件信箱 —— cwpc@cwgv.com.tw
直接郵撥帳號 —— 1326703-6 號　遠見天下文化出版股份有限公司

電腦排版 —— bear 工作室
製版廠 —— 東豪印刷事業有限公司
印刷廠 —— 祥峰印刷事業有限公司
裝訂廠 —— 中原造像股份有限公司
登記證 —— 局版台業字第 2517 號
總經銷 —— 大和書報圖書股份有限公司｜電話 —— 02-8990-2588
出版日期 —— 2019 年 06 月 28 日第一版第一次印行

國家圖書館出版品預行編目（CIP）資料

極度專注力：打造高績效的聰明工作法／克里斯‧貝
利（Chris Bailey）著；洪慧芳譯 .-- 第一版 .-- 臺北市：
遠見天下文化，2019.06
320 面；14.8×21 公分 .--（工作生活；BWL072）
譯自：Hyperfocus: How to Be More Productive in a World
of Distraction
ISBN 978-986-479-759-2（平裝）
1. 時間管理 2. 工作效率 3. 生產效率
494.01　　　　　　　　　　　　　　　108009

定價 —— 450 元
ISBN —— 978-986-479-759-2
書號 —— BWL072
天下文化官網 —— bookzone.cwgv.com.tw

天下文化
BELIEVE IN READING